开心学习系列

生物
原来可以这样学

（韩）孙永云 著 （韩）元惠填 绘 沈 潼 译

九州出版社
JIUZHOUPRESS | 全国百佳图书出版单位

著作权合同登记号:图字01-2010-6057号

本书由韩国文学墙出版社授权,独家出版中文简体字版

图书在版编目(CIP)数据

生物原来可以这样学 /(韩)孙永云著;(韩)元惠填绘;沈潼译.
– 北京:九州出版社,2010.12(2022.3 重印)
("读·品·悟"开心学习系列)
ISBN 978-7-5108-0788-6

Ⅰ.①生…　Ⅱ.①孙…　②元…③沈…　Ⅲ.①生物学
– 青少年读物　Ⅳ.①Q-49

中国版本图书馆CIP数据核字(2010)第256837号

生物原来可以这样学

作　　者	(韩)孙永云 著　(韩)元惠填 绘　沈　潼 译
出版发行	九州出版社
地　　址	北京市西城区阜外大街甲35号(100037)
发行电话	(010)68992190/2/3/5/6
网　　址	www.jiuzhoupress.com
电子信箱	jiuzhou@jiuzhoupress.com
印　　刷	天津新华印务有限公司
开　　本	710毫米×1000毫米　16 开
印　　张	12
字　　数	140 千字
版　　次	2011 年 3 月第 1 版
印　　次	2022 年 3 月第 3 次印刷
书　　号	ISBN 978-7-5108-0788-6
定　　价	45.00 元

序言

从缤纷多样的生物体中学到的 生物学概念及原理！

20世纪中期，用科学方法向人们揭示生命神秘的生物学才开始渐渐兴起，但它的发展速度却超过了其他任何一门科学，因此21世纪被称为"生物学的时代"。今天的生物学在我们人类最关心的疾病与衰老、环境污染、粮食问题的解决等领域发挥着巨大的作用。

生物学涉及的主题大多与人体息息相关。胃、小肠和大肠中发生的消化与吸收、心脏等循环器官将血液输送至全身（见本书"营养元素的消化与吸收"、"血液的循环"）等都是生物学的主要课题。发生在精巢和卵巢的生殖现象以及遗传问题（见本书"人类的妊娠和出生"、"间性遗传"）也是生物学研究的范围。

生物科学领域的许多课题都是发生在我们身边的生物体或生态界中的故事，比如形成生物体的细胞的特征及作用、最初的生物如何进化成为现在多样的生物（见本书"显微镜与细胞的大小"、"生物的进化"）等。这些都是与我们的身体或周边生物体相关的趣味十足的生物学主题。

但是，学校却将如此生动有趣、易于接近的生物科目视为为盲目背诵的学科。一想到必须无休止地背诵，相信没有人会不感到厌烦吧？而《生物原来可以这样学》一书正是打破了这种错误的想法。《生物原来可以这样学》选择生物学理解方面的重点主题，通过可以日常接触到的"生活中的生物故事"，向读者展示生物学的趣味和它对人类的重要性。例如，通过讲述克隆羊多莉的诞生来解释"细胞的功能"；通过揭示老奶奶们弯腰驼背的原因来说明"营养元素的缺乏"；通过分析电影《超码的我》中主人公只吃快餐的"梦魇"来阐述"身体活动的能量来源"；将吃方便面后第二天早晨脸会浮肿的原因归结为"渗透现象"，从而讲述植物根部的吸水过程。

就像这样，通过对周边熟悉现象的举例说明，我们可以很容易地理解生物学中深奥的原理或概念，摆脱死记硬背的阴影。同时，"开心课堂"还将整理归纳后的概念进一步加以明确解释，让我们即使仅阅读本书也能够轻松而彻底地领会生物学的概念和原理。

另外，本书每个主题的最后均设有"科学抢先看"，其中列举的叙述型问题，是学校考试中常见的题型，所以这也是一本为考试而备战的书。叙述型问题的比率之所以会提高，就是为了改变大家通过死记硬背的方式来掌握物理概念和原理的学习方法，指引大家通过理解的方式来学习，而这对以后大学所实施的论述型问题的学习也能够打下坚实的基础。

现在的科学学习采取的是小学、初中、高中层层递进的教育形态，因此，小学时期没有牢固掌握基础科学概念的青少年在升入中学之后往往感到学习越来越困难。假如你无论怎样努力都无法提高科学成绩，假如你因为科学课程较弱而影响到平均成绩，那么就应该仔细考虑一下自己是否在概念掌握方面出了问题。《生物原来可以这样学》之所以重要，也正是因为这个原因。请充分利用《生物原来可以这样学》，轻松愉快地学习生物的概念和原理吧。同时，它也会成为今后你应对科学论述题目的忠实向导。

（韩）孙永云

contents 目录

第一章 生物的构成

显微镜和细胞

应该怎样观察细胞的大小与外形 2

· 生活中的生物故事1 体型大的动物，细胞也大吗
· 生活中的生物故事2 世界上最大的细胞是什么细胞
· 开心课堂：生命的根基——细胞
· 科学抢先看

细胞的结构与功能

细胞都具有哪些功能 14

· 生活中的生物故事1 克隆羊多莉是如何诞生的
· 生活中的生物故事2 我们的身体里也有发电厂吗
· 开心课堂：细胞的内部结构
· 科学抢先看

生物体的构成

生物体是由什么构成的 23

· 生活中的生物故事1 生物体和非生物体有什么区别
· 生活中的生物故事2 细胞聚集起来会变成什么
· 开心课堂：探明生物体的本来面目
· 科学抢先看

第二章　消化与循环

营养元素的功能
我们的身体需要哪些营养元素 32
· 生活中的生物故事1　老奶奶们为什么会驼背
· 生活中的生物故事2　为什么说偏食是种坏习惯
· 开心课堂：我们身体中必需的营养元素
· 科学抢先看

营养元素的消化与吸收
食物是如何被消化的 40
· 生活中的生物故事1　有能够帮助消化的食物吗
· 生活中的生物故事2　出现积食现象的原因是什么
· 开心课堂：消化的过程和营养成分的吸收
· 科学抢先看

血液的循环
血液在我们的身体中起到什么作用 48
· 生活中的生物故事1　伤口的血为什么会凝固
· 生活中的生物故事2　血管为什么看起来青绿青绿的
· 开心课堂：担负我们身体循环重任的血管和心脏
· 科学抢先看

第三章　植物的结构与功能

根部
植物的根部有什么作用 60
· 生活中的生物故事1　如果吃完方便面接着就睡觉，
　　　　　　　　　　　第二天脸为什么会浮肿

· 生活中的生物故事2　液体栽培如何进行

· 开心课堂：根深的树木不会因风大而动摇

· 科学抢先看

茎部

植物的茎部有什么作用 68

· 生活中的生物故事1　为什么会长出年轮

· 生活中的生物故事2　土豆是果实还是茎部

· 开心课堂：适应环境生存下来的各种植物茎

· 科学抢先看

叶

植物的叶子有什么作用 75

· 生活中的生物故事1　哪种植物的叶片用来做雨伞
　　　　　　　　　　　最好

· 生活中的生物故事2　植物里藏有汲水泵吗

· 开心课堂：叶子的惊人力量——蒸腾作用

· 科学抢先看

花和果实

花和果实有什么作用 81

· 生活中的生物故事1　植物为什么要开花

· 生活中的生物故事2　植物为什么会结果实

· 开心课堂：植物的生殖器官——花 果实 种子

· 科学抢先看

第四章　刺激的感觉与传递

刺激的感觉〔视觉 听觉〕
眼睛和耳朵会起到什么作用　90

- 生活中的生物故事1　眼睛是怎样看到物体的
- 生活中的生物故事2　原地转圈再停住时为什么会感到头晕
- 开心课堂：我们身体的感觉器官——眼睛 耳朵
- 科学抢先看

刺激的感觉〔嗅觉 味觉 触觉〕
鼻子、舌头和皮肤是如何感受刺激的　98

- 生活中的生物故事1　感冒的时候为什么感觉不出味道
- 生活中的生物故事2　在过于寒冷的情况下为什么会感觉疼痛
- 开心课堂：我们身体的感觉器官——鼻子 舌头 皮肤
- 科学抢先看

刺激的传递和神经系统
神经系统是如何传递刺激的　105

- 生活中的生物故事1　守门员的身体内发生了什么
- 生活中的生物故事2　脑死亡和植物人有什么区别
- 开心课堂：我们身体中的神经系统
- 科学抢先看

第五章　生殖与出生

体细胞分裂
细胞是如何增长的　114

- 生活中的生物故事1　为什么海星被剪掉触腕还能生存

· 生活中的生物故事2 如果体细胞一直不断地分裂
会发生什么
· 开心课堂：使得我们身体生长的体细胞分裂
· 科学抢先看

染色体与减数分裂
生殖细胞为什么要进行减数分裂 121
· 生活中的生物故事1 为什么没有长翅膀的人
· 开心课堂：你们知道什么是减数分裂吗
· 科学抢先看

无性生殖
不分两性也可以完成生殖吗 127
· 生活中的生物故事1 赤潮是怎样发生的
· 生活中的生物故事2 迎春花如何繁殖
· 开心课堂：不需要两性的无性生殖
· 科学抢先看

有性生殖
能够区分两性的生物如何生殖 136
· 生活中的生物故事1 植物如何受精
· 生活中的生物故事2 蝉为什么总是吵闹地叫个不停
· 开心课堂：植物和动物的有性生殖
· 科学抢先看

人类的妊娠和出生
妊娠和出生是怎样进行的 145
· 生活中的生物故事1 为什么贴身的紧身衣不利于
身体健康
· 生活中的生物故事2 孕妇如果吸烟会产生什么后果
· 开心课堂：我们是如何出生的
· 科学抢先看

第六章　遗传与进化

孟德尔的遗传法则

遗传遵循什么法则 152

· 生活中的生物故事1　同一家族的人为什么会长相
　　　　　　　　　　　　相似
· 开心课堂：孟德尔的遗传法则
· 科学抢先看

间性遗传

间性遗传具有什么特征 162

· 生活中的生物故事1　有没有不符合孟德尔遗传法则的
　　　　　　　　　　　　遗传现象
· 生活中的生物故事2　人类的血型是如何遗传的
· 开心课堂：间性遗传的AB型
· 科学抢先看

生物的进化

生物是如何进化而来的 169

· 生活中的生物故事1　地球上生活着多少生物
· 生活中的生物故事2　进化是以什么方式进行的
· 开心课堂：进化论的发展
· 科学抢先看

第一章

生物的构成

★显微镜和细胞　　应该怎样观察细胞的大小与外形
★细胞的结构与功能　　细胞都具有哪些功能
★生物体的构成　　生物体是由什么构成的

▶▶ 显微镜和细胞

应该怎样观察细胞的大小与外形

大家都知道鸡蛋是一个独立的细胞吧？寻找像鸡蛋一般大小的细胞确实比较困难，那么，就让我们先来探索一下自己身体里的细胞吧！

假设
科学家没有发明显微镜，可能也就无法观测到细胞——这一我们身体里最小的组成单位了。

生活中的生物故事 1

体型大的动物，细胞也大吗

如果要拿瘦小的动物与肥壮的动物进行比较，通常会举出老鼠和狮子来做对比。生活在草原或人类房屋周围的老鼠体长约为 5 ~ 6 cm，重约 30 g，尾部的长度与身体长度相当。而标准雄狮的体长可达 1.6 ~ 2.4 m，尾部长度 0.7 ~ 1 m，体重在 150 ~ 260 kg 左右，属于大型动物之列。对比一下老鼠与狮子的体重，就会发现两者有近 5000 倍的差距。那么，这种差距是如何产生的呢？

我们在课堂上曾经学习过，组成生物体最小的单位是细胞。所以，很多同学便会认为动物瘦小与肥壮的体型差异是由其各自细胞大小的不同而产生的，也就是说，老鼠的细胞比狮子或大象的细胞

竟然有人说狮子和老鼠的细胞一样大……

真伤自尊……

哼哼～

要小很多。

然而，这种想法是完全没有科学依据的。老鼠或狮子等由许多细胞构成的生物称为"多细胞生物"。多细胞生物体型的大小与其体内细胞的大小无关，而是取决于构成身体的细胞数量。其实，构成狮子和老鼠身体的细胞大小基本相同，狮子之所以比老鼠大得多，是由于狮子的细胞数量多于老鼠的细胞数量。

 生活中的生物故事 2
世界上最大的细胞是什么细胞

春季时，我们经常能够在茂密的水藻里发现刚从冬眠中醒来的鲵或青蛙的卵。如果仔细观察，便可以看出它们的形体在慢慢变化，甚至会产生微微的晃动。真是能让人感受到生命之神奇的场面啊！有趣的是，这些卵都是由一个细胞构成的。

前面已经介绍过，构成老鼠和狮子身体的细胞大小相差不大，但这并不说明任何种类细胞的大小均相同。根据细胞种类的不同，其大小也有很大的差距。有些细菌的细胞直径仅有 0.5 微米，即便使用光学显微镜也很难观察得到。大部分动物的细胞直径为 10 ～ 30 微米，植物细胞则从 10 到数百微米。

体积较大的细胞绝大部分是动物的卵。卵细胞与一般的细胞相比，体积要大许多，尤其是堪称细胞体积最大的鸵鸟蛋，比鸡蛋还要大 20 倍左右。这是因为卵细胞中含有幼体孵化

鸡蛋（右）与并排放置的鸵鸟蛋（左）

过程所需的全部养分以及相关的保护装置，因此体积明显大于其他细胞。

4

那么，还有比鸵鸟蛋更大的细胞吗？体型庞大的恐龙显然比鸵鸟大出许多，但通过观察恐龙卵化石，我们会发现它的细胞体积要小于鸵鸟蛋的体积。

可见细胞的大小总是处于一定的范围内，而与母体大小没有必然的联系。这是为什么呢？原来，细胞的大小受到细胞表面积的限制，生长到一定程度便不会继续增大，需要通过细胞表面进行的养分和氧气的传递也会因此受到制约。在"开心课堂"中，我们将会进一步了解这方面的内容。

生命的根基——细胞

◆ ◆ 发现细胞的第一人——罗伯特·虎克

1665 年，英国科学家罗伯特·虎克（Robert Hooke,1635 – 1703）利用自己制造的显微镜观察植物的木栓组织，发现其由许多规则的小房子组成，他把观察到的图像画了出来，并把"小房子"叫做"cell（细胞）"。他既是细胞的发现者，也是命名者。

虎克的显微镜

虎克研制出了能够放大140倍的光学显微镜。即使在没有电的时代，附着在显微镜上的聚光装置仍能够实现随时随地地观察。

◆ ◆ 细说显微镜

显微镜的构造

● **镜筒**：显微镜由贴近肉眼一侧的目镜和附着在物镜转换器上的物镜组成。目镜长度越短放大的倍数越高；而物镜则与之相反，长度越长的物镜放大的倍数越低。

● **放大倍率**：透镜的放大倍率为"目镜倍率 × 物镜倍率"。

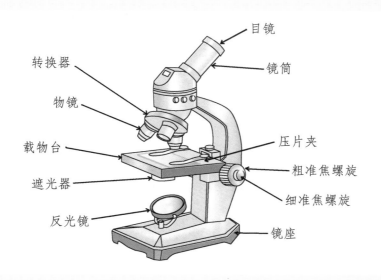

目镜

转换器

镜筒

物镜

载物台

压片夹

遮光器

粗准焦螺旋

反光镜

细准焦螺旋

镜座

显微镜

一般来说，目镜倍率有 5×、10×、15×、20× 等，物镜倍率则分为 8×、10×、20×、40× 等。所以，如果选择 10× 倍率的目镜和 20× 倍率的物镜，那么显微镜的放大倍率便为 200。与低倍率相比，高倍率的视野较狭窄、光亮度较低。

● 调节螺旋：分为粗准焦螺旋和细准焦螺旋两种。粗准焦螺旋可使镜筒或载物台上下移动进行对焦或调节物镜与目镜之间的距离。细准焦螺旋则能确定精确焦距。

● 遮光器：可以调节经反光镜射入的光线强度。

● 反光镜：反射光线，使视野变得明亮。反光镜一侧为凹面镜，另一侧为平面镜。凹面镜用于高倍率观测，而平面镜用于低倍率观测。

显微镜的使用方法及步骤：

① 将显微镜置于没有直射光线照射的水平桌面。安装好目镜和物镜。

② 转动转换器，使低倍物镜对准通光孔，把一个较大的光圈对准通光孔。

③ 转动反光镜，使光线通过通光孔反射到镜筒内。通过目镜可以看到白亮的圆形视野。

④ 把要观察的玻片标本放在载物台上，用压片夹压住，玻片标本要正对通光孔的中心。

⑤ 转动粗准焦螺旋，使镜筒缓缓下降，直到物镜接近玻片标本为止。

⑥ 一只眼向目镜内看，同时逆时针方向转动粗准焦螺旋，使镜筒缓缓上升直到看清物象为止。再略微转动细准焦螺旋，使看到的物象更加清晰。

◆ ◆ 关于细胞大小的秘密

细胞是植物与动物等所有生物体的基本单位，它可以持续生长，因此体积也在不断增大。鸡蛋或鸵鸟蛋的体积比一般细胞大些，但这只是个别情况。通常，大部分细胞在长到一定程度后便会自行停止生长。那么，发生这种现象的原因是什么呢？

细胞为了维持生命活动，必须从外部获取自身所需的物质，如营养成分、氧气和水等，这些物质被传送到细胞的中心位置。然而，当细胞的体积达到一定的程度时，其表面积的增加数低于体积的增加数，就会造成失衡现象。与表面积相比，体积的增加更为迅速。因为表面积的增加量为长度的平方倍，而体积的增加量则为长度的立方倍。【如果将细胞的形态看做是一个"球"，那么它的表面积为 $4\pi r^2$，体积为 $4/3\pi r^3$。（π＝圆周率，r＝半径）】

换句话说，细胞的表面积以 1，4，9……的倍数增加，而体积则是以 1，8，27……的倍数增加。我们可以看出，细胞体积的增加量要远远超过表面积的增加量。这样的话，会出现什么问题呢？下面，我们一起来分析一下。

维持细胞生命所需的各种物质（营养成分、水、氧气、无机物等）均通过细胞表面（细胞膜）提供。细胞内的构成物质（如细胞核、细胞质、线粒体等）利用这些供给物质维持生命活动。

 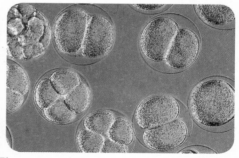

植物细胞（左图）与动物细胞（右图）的分裂

左、右两幅图分别展示了洋葱表皮（植物细胞）和鱼类卵细胞（动物细胞）的分裂过程。从大致形态上看，植物细胞与动物细胞均为立体结构。因此，这些细胞的生长意味着体积的增大。当细胞生长到一定程度时开始进行细胞分裂，进入表面积无法承受体积增大的状态。

试想一下，如果细胞内部的构成物质远远超过直接与外部进行接触的表面积，会出现什么结果呢？这只能导致细胞表面吸收到的物质无法满足构成物质的需求，而进行营养成分交换的细胞膜（细胞的组成部分之一，是紧贴在细胞质外面的一层薄膜）的大小与体积的生长成反比，因此细胞便无法继续增大。

　　另外，如果细胞体积持续增大，营养成分进入细胞中心的时间也会加长。这样一来，营养成分或氧气便无法顺利到达细胞的中心部位。因此，一部分细胞在生长到这种程度之前便会停止生长，转向细胞分裂。最终，这部分细胞生长到自己所能承受的最大体积之后，通过细胞分裂使得细胞膜（表面积）重新恢复到能够承受细胞质（体积）的状态。

关于显微镜和细胞大小的叙述型问题

假如当目镜倍数和物镜倍数均为10×时，显微镜的视野中能够观察到16个细胞，那么如果将物镜倍数变为40×，视野中的细胞个数是多少呢？

首先我们来计算一下显微镜倍率的变化。当目镜和物镜倍率均为 10× 时，显微镜放大倍率为 10×10=100。如果物镜的倍数变为 40×，则显微镜倍率变为 10×40=400。

视野中观察到的细胞数量随着放大倍率的增大而减少。因为倍率越大，能够观察到的细胞影像就越大。这与用放大镜看报纸的道理一致。放大镜的倍率越高，报纸上的文字就显得越大，而能够看到的文字个数则相应减少。

显微镜视野中的细胞也像报纸文字一样，使用的倍率越大，所观察到的个数便越少。但是，显微镜中观察到的细胞大小相当于表面积，而表面积与放大倍率的平方成正比。因此，显微镜中观察到的细胞大小也与放大倍率的平方成正比。那么，当显微镜倍率扩大 4 倍时，细胞的大小就会扩大 4^2=16 倍。所以，如果在倍率 100 的显微镜中能够看到的细胞个数为 16，则在倍率 400 的显微镜视野中只能看到 1 个细胞。

下面的文字摘自作家乔纳森·斯威夫特所著的作品《格列佛游记》，讲述了格列佛在小人国的见闻。

"……皇帝手下的数学家们借助四分仪测定了我的身高。我身高超过他们，比例为 12：1，由于他们的身体大致相同，因此得出结论：我的身体至少可抵得上 1728 个利立浦特人，这样说来，我也就需要可维持这么多人生活的相应数量的食物了……"

从上面的文字中我们可以看到，小人国的居民们都认为由于格列佛身体的大小是他们的1728倍，所以饮食量也应该是他们的1728倍。从数学的角度来讲，小人们的想法没有任何错误。但是如果用生物学来分析，这个说法却是非常荒谬的。请对其理由进行解释。

首先，书中对于"格列佛的身体是小人的 1728 倍"的结论，解释如下：小人国（利立浦特国）国王的数学家们在比较了格列佛和小人国居民的身高后发现两者的比例约为 12：1。比如，假设格列佛的身高为 180 cm，则小人国居民的身高约为 180÷12＝15 cm。但身高是指"长度"，而身体的大小应以"体积"来计算。所以当身高（长度）比值为 12：1 时，身体（体积）的比值应为身高比的立方，即"格列佛的身体：小人国居民的身体 ＝12^3：1＝1728：1"。因此，他们得出结论：身体大小是小人国居民 1728 倍的格列佛一顿饭的食量也相当于 1728 个小人国居民的食量。

但是，从生物学角度来说，这样计算并不正确。因为饮食量的多少与身体大小并没有明显的关系。如果仔细观察一下身边人们的饮食量，便可以很容易得出这个结论。许多体型高大者的饭量并不比瘦小的人多多少。

科学家们针对"动物体重与饮食量关系"的研究也验证了这一观点。研究结果显示，动物进食是为了获取能量，与维持体温关系密切。与身体体积相比，身体表面积对体温降低的影响更大。也就是说，体表面积对动物生命活动起到的作用远远大于身体体积，动物通过体表皮肤吸收、散发热量，从而维持恒定的体温。因此，饮食既然是为了维持体温而进行的活动，那么饮食量便应该与身体的表面积成比例，而非前面所说的身体体积。

例如，将身长为 3cm 的蚯蚓与身长 27cm 的蛇作比较。它们的体积比为 $3^3 : 27^3 = 27 : 19683 = 1 : 729$，但蛇并不能吃下相当于蚯蚓食量 729 倍的食物。相比之下，两者表面积之比 $3^2 : 27^2 = 9 : 729 = 1 : 81$ 则更接近于它们摄取的食量之比。

细胞都具有哪些功能

随着克隆羊多莉的诞生，创造科幻电影中出现的克隆人离人们似乎也并不远了。但是，对于克隆人这一课题，社会上在伦理道德方面有众多非议。

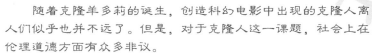

假设 如果对细胞的研究并不活跃，那么制造出多莉的克隆技术也应该不会如此发达吧？

生活中的生物故事 1

克隆羊多莉是如何诞生的

1996 年 7 月，英国罗斯林研究所的科学家们成功地培育出了克隆羊多莉。该研究小组培育多莉，是利用了成年绵羊的体细胞繁育而成的，因此受到世人的极大瞩目。

克隆羊多莉

克隆绵羊多莉的培育过程主要分四步：

1. 从第一只羊身上取出乳腺细胞，在实验室里培养并对它进行一定的处理。

2. 将另一只羊卵细胞的细胞核去掉，用取自第一只羊的经过处理的乳腺细胞中的细胞核来代替。

3．在实验室里让这个卵细胞发育成胚胎。

4．将胚胎植入第三只母羊体内，由它产下小绵羊。

然后它与其他小羊一样，从母羊体内诞生了。多莉在之后的六年零六个月里过着与其他小羊别无差异的生活。但最终它死于肺部感染。

像多莉这种高等动物的细胞被称为真核细胞，真核细胞意为"真正的有核细胞"，具有包裹着核膜的细胞核。人类、蔷薇等绝大多数动植物的细胞都属于真核细胞。与之相对，原核细胞虽有细胞核但没有核膜，保持着原始的形态。病毒、细菌等属于原核细胞。

每个真核细胞只拥有一个细胞核，细胞核内含有用于储存遗传信息的遗传物质 DNA。所以，如果去除母羊卵细胞的细胞核，而加入从其他羊体细胞中获得的遗传基因，那么这个新细胞的遗传因子便不是原来母羊的基因，而变为提供体细胞核的羊所携带的基因。换句话说，多莉的母亲并不是生下它的母羊，而是提供体细胞核的那只羊。

假如多莉的培养方法也能用于人类的话，便可能会发生下面的情况：在世界公认的天才爱因斯坦去世之前，取出他的一个体细胞，分离出细胞核。同时从某位女性体内取出卵细胞，并去除细胞核。然后将从爱因斯坦体内获得的细胞核注入女性卵细胞中，并把所得的细胞移至另一位女性（*即代理母亲*）的子宫内进行培育。这样，新生的孩子便会具有与爱因斯坦相同的遗传基因。

细胞核中含有的遗传基因就好像生物体的设计图，生物必须根据遗传基因中的遗传信息进行发育。如果克隆人类的实验能够成功，那么即使爱因斯坦从世界上消失，人们也能培育出无数个新的爱因斯坦。从这个角度来讲，克隆人已经演变成了侵犯自然规律的可怕事件。

但是，实现克隆人并不是件容易的事情。在多莉羊诞生之前，研究人员对 277 个卵细胞实施了相同的实验，但均以失败告终。想要克隆与羊类相比结构更加复杂的人类显然更加困难。另外，因为克隆人将给社会带来无法想象的严重后果，许多国家已拟定有关法律，严禁克隆人的研究。

生活中的生物故事 2

我们的身体里也有发电厂吗

想象一下，如果世界上所有的发电厂全部消失将会发生什么事情？发电厂为我们提供日常生活中不可或缺的电。如果没有发电厂，一切将会变得多么不方便啊。不仅仅是看不了电视这么简单，工厂的工作不得不停止，人们因此无法获取想要得到的物品，整个社会会变得不堪设想。

　　细胞也是如此。为了制造出我们身体所需的物质，细胞需要一定的能量。细胞所需的能量是存在于细胞内的线粒体通过一系列复杂的化学反应转化出来的。因此，线粒体也被称为"细胞中的发电厂"。

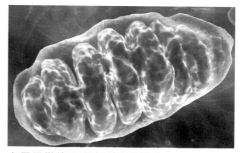
电子显微镜下观察到的线粒体

　　电子显微镜下观察到的线粒体呈椭圆形状，内部看起来仿佛是弯曲的迷宫。所有的真核细胞都含有线粒体，但每个细胞内的线粒体数量有所不同。例如，对于我们体内较为活跃的肝细胞或肌肉细胞，每个细胞中一般含有数百甚至数千个线粒体，但在脂肪储藏

我（线粒体）是细胞中的发电厂！

细胞之类的细胞中，线粒体的数量却很稀少。

科学家们依据这个特征推测，过去某些真核细菌捕食与线粒体或叶绿体具有相似功能的原核细菌的行为，正是为了实现共同利益而产生的进化。比如，白蚁和它肠内的鞭毛虫，鞭毛虫能帮助白蚁消化木材纤维，白蚁给鞭毛虫提供栖居场所和养料，若互相分离，二者就都不能生存了。

细胞的内部结构

◆ ◆ 仔细观察细胞

随着显微镜性能的不断提高，细胞的内部结构也逐渐清晰完善起来。到现在为止，我们所知道的细胞内部结构一般由以下几部分构成：

● 细胞核：是细胞的核心，控制着蛋白质的合成和细胞的生长发育。

● 细胞质：细胞质是细胞膜以内、细胞核以外的原生质区域。细胞质里有液泡，液泡内的细胞液中溶解着多种物质。

● 细胞膜：紧贴细胞壁内侧的一层膜，非常薄，起着保护细胞并对细胞的物质加以调控的作用。

细胞壁

植物细胞在细胞膜的外面还有一层细胞壁，是一层透明的薄壁，具有一定硬度和弹性，起着保护和支持植物细胞的作用。

◆ ◆ 细胞器之间的分工

细胞在生命活动中，进行着物质和能量的复杂变化。整个细胞内部就像一个繁忙的"工厂"，细胞质中有许多"车间"，都有一定的结构，如线粒体、叶绿体、高尔基体、核糖体等，它们被称为细胞器。

● **叶绿体**：叶绿体是绿色植物细胞中广泛存在的一种含有叶绿素等色素的质体，捕获日光中的能量，是植物细胞进行光合作用的场所。

● **线粒体**：细胞进行有氧呼吸的主要场所，为细胞生命活动提供能量。

● **内质网**：是细胞内蛋白质合成和加工，以及脂质合成的"车间"。

● **核糖体**：是细胞内合成蛋白质的主要场所。

● **中心体**：位于细胞核附近，是细胞分裂时内部活动的中心。

● **高尔基体**：接受从内质网运输来的物质，并把它们送到细胞的其他部分。

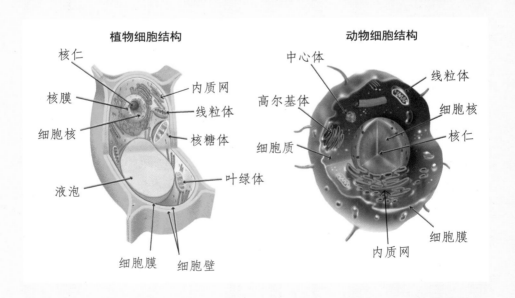

植物细胞结构　　　　　动物细胞结构

关于细胞结构和功能的叙述型问题

生长在美国加利福尼亚州红杉公园中的美国柳杉已超过600年树龄，是一棵树高84m，直径11m的巨大古树。柳杉呈赤褐色，单树皮就有61cm厚，预计包含根部的重量将达到2000吨。如果将这棵柳杉加工利用，大概可以制造约50亿根火柴。由此可见，植物与动物相比，体型能够大出许多。这其中有什么秘诀吗？

越是古老的树木，其构成细胞中含有由纤维质构成的细胞壁便越多。这些细胞壁来自原来植物茎部中形成导管的细胞，也可以说是细胞死亡后留下的外皮。因为植物细胞死亡之后会只剩细胞壁，细胞中空空如也。因此，我们所见到的古树的 40% ~ 80% 都是由细胞壁组成。

另一方面，组成树木外皮的植物细胞虽已死亡，但树木内部的细胞仍然不断更新，新长出的细胞又会以相同方式转化为死亡的细胞壁，所以树干每年都在不断加粗。这就是为什么世界上会存在像美国柳杉这样高度超过 80m 的植物。

如下图所示，青蛙并没有尾巴。但它在蝌蚪时期分明有长长的尾巴。那么，在变为青蛙的过程中，蝌蚪的尾巴是如何消失的呢？

蝌蚪在变为青蛙的过程中尾巴消失了，这是因为形成蝌蚪尾部的细胞自行终止分裂，被身体淘汰。科学家们认为，这是细胞遗传基因自动启动自杀程序进行自我毁灭的现象。同样，人类的胎儿出生时手指间能够看到蹼，而这些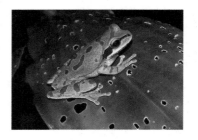蹼会逐渐自行消失。这也是由于细胞选择自杀而引发的结果。

细胞自行毁灭的原因分析如下：形成动物体的细胞在生长的过程中需要持续地进行细胞分裂和复制，而如果复制过程出现错误，则可能产生出异常或致病细胞。如果放任这些问题细胞自由产生，便会对周围的其他细胞产生不良影响，甚至遗传给子孙后代，不利于物种的维持。由于这个原因，基因通过自行终止细胞分裂的方式提前预防变异细胞的产生。动物或人类的生老病死也可理解为这个过程的延伸。

 细胞核中含有遗传物质的物质被称为"染色体"。请说明一下这个名称的由来。

为了用显微镜来观察细胞，必须提前制作好标本。这时，如果想有效观察细胞核的构造则需使用醋酸洋红或龙胆紫之类的染色液。但人们偶然发现，含有细胞核遗传物质的染色体比细胞的其他部位更容易染色，因此便得到了"染色体"这个名字。不过，如果改变染色液的种类，细胞的其他部位也能够被染色。例如詹纳斯绿 B 溶液能够将线粒体染为绿色，而吉姆萨染液则可以将血液中的血球染色。

▶▶ 生物体的构成

生物体是由什么构成的

将手表拆开来看一看，我们会发现手表是由无数个极细小的零件按照一定秩序组成的。我们的身体也是如此。

假设 存在一种虽然不是由细胞组成，但却可以移动或生长的物体，那么它到底属于生物还是非生物呢？

生活中的生物故事 1
生物体和非生物体有什么区别

在天空飘雪的寒冷冬季，很多房屋的屋檐下常常挂着一串串冰凌。冰凌是由从屋檐上慢慢滴下的水受冷冻结而形成的。在持续寒冷的季节里，冰凌甚至能够像倒长的竹笋一般不停地生长。但是，对于冰凌这种嗖嗖地快速生长的物体，我们并不能称它为生物。这

屋檐下悬挂的冰凌

是为什么呢？能够解释这一问题的理由有很多，其中最主要的一点就是构成冰凌的物质与生物体不同。虽然都能够快速生长，但组成冰凌的物质是冰，而生物竹笋则是由细胞构成的。

自然界中有像草履虫、眼虫藻之

竹林中生长的竹笋

类由一个细胞构成的生物，也有像松树、人类一样由无数个细胞组成的生物。不过，虽然构成生物体的细胞数量各有不同，但所有生物都拥有一个共同的特征：细胞是构成生物体的最小单位。

生物体除了由细胞构成之外，生物和非生物之间还有下述明显区别：生物体利用外部物质合成自身所需的物质或者将其分解来进行身体代谢；生物对外部刺激产生反应，具有维持体内环境的性质；另外，生物会繁殖与自己相似的后代，其后代通过萌发和生长，发育成一个完整的个体，并进行适应环境的进化……这些都是生物体独有的特征。

生活中的生物故事 2

细胞聚集起来会变成什么

生物最明显、最确切的特征便是由细胞组成。因此，作为生物体的人类也是如此。那么，我们的身体中一共有多少个细胞呢？

根据每个人身高和体重的不同，细胞数也会有所区别，但一般来讲，每个成人的身体内大约有 600 兆个细胞。

那么，数量如此之多的细胞是以什么方式构成我们的身体呢？

构成我们身体的细胞根据功能和形态的不同可分为许多种类。这些细胞大致可以分为形成皮肤的上皮细胞、形成肌肉的肌肉细胞、形成骨骼的成骨细胞、与感觉或运动相关的神经细胞、精细胞（精子）或卵细胞（卵子）等生殖细胞，还有血液中的红细胞或白

细胞等。

　　人体内有 200 多种细胞，像这样，功能相同、结构形态相似的细胞聚集在一起，便形成"组织"。人体内有许多不同类型的组织，基本上可归为四种类型，即上皮组织、结缔组织、肌肉组织和神经组织。各个组织又相互协调起来，形成具有一定形态和功能的"器官"，眼睛、鼻子、心脏、肺、胃、小肠、大肠等都是我们身体中的器官。正是这些器官聚集在一起，形成了具有独立结构和功能的完整生物体——"个体"。

　　植物的情况与动物相同，也是按照细胞→组织→器官→个体构成的。植物细胞聚集在一起，形成分生组织、营养组织（又叫薄壁组织）、保护组织、输导组织（导管、筛管等）和机械组织等，这

形成手臂和腿部骨骼肌的肌肉细胞

些植物组织再分别形成根、茎、叶、花等器官，进而组成一个完整的植物个体。

　　关于各生物体构成的详细内容我们将会在下面的"开心课堂"中做进一步的说明。

探明生物体的本来面目

◆ ◆ 植物体的构成

如果对草木等植物体进行进一步的说明，植物是按照细胞→组织→器官→个体的阶段形成的。各个阶段的特征与作用如下所示：

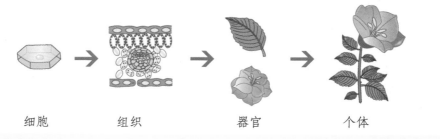

细胞　　　　组织　　　　　　器官　　　　　个体

植物体的构成

组织与组织系统

细胞的集合叫做组织。具有类似构造和功能的细胞聚集起来行使一定的作用。在这种组织中，有担负着保持细胞持续分裂、维持植物体生长作用的生长点、形成层、维管束等。

生长点位于植物茎部或根部的末端，进行细胞分裂时，使植物向上生长。形成层位于导管和筛管的间隙中，负责植物育肥，保持植物体积的增长。

导管能够将根部吸收的水分和养料向上输送，而筛管则负责将叶子通过光合作用产生的养分输送至植物体的各个部分。

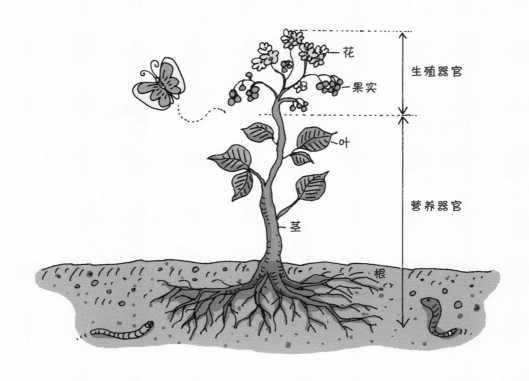

上述组织聚集在一起，形成具有一定功能的组织系统，如皮组织系统、维管组织系统、基本组织系统等。

器官

各个组织聚集在一起表现一定的形态和功能时，我们将其称为器官。植物体有根、茎、叶之类与养分产生、吸收、运输等植物体营养相关的营养器官，以及花、果实之类与后代繁殖相关的生殖器官。

◆ ◆ **动物体的构成**

如果对鱼、兔子、人等动物体进行进一步的说明，动物是按照细胞→组织→器官→器官系统→个体的阶段形成的。各个阶段的特征与作用如下所示：

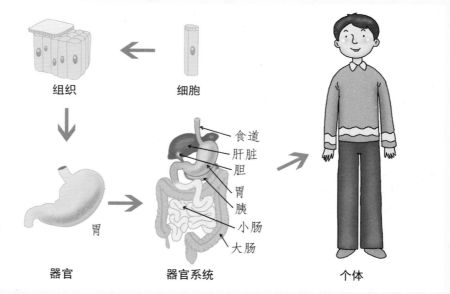

动物体的构成

组织

与植物相同，动物的组织也由细胞聚集而成。以人类为例，皮肤或眼结膜之类覆盖在身体或各个器官的表面，用来保护身体和为物质出入人体提供界面的"上皮组织"；血液、肌腱、软骨、骨骼等用来保护、联结、支持人体的"结缔组织"；骨骼肌、心肌和平滑肌构成人体机构或内脏器官的"肌肉组织"；包括脑、脊髓和神经的能处理、传递信息的"神经组织"等都属于人体的组织。

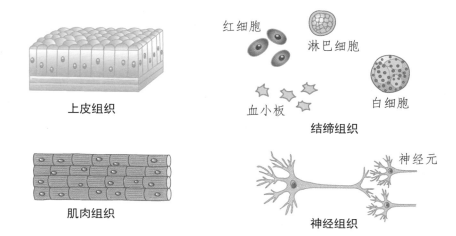

红细胞

淋巴细胞

血小板

白细胞

结缔组织

上皮组织

肌肉组织

神经元

神经组织

动物体内的各个组织

器官与器官系统

器官由组织聚集而成，它包括嘴、食道、胃、肝脏、小肠、大肠、胰脏等进行养分消化吸收的"消化器官"；心脏、动脉、静脉等帮助将吸收的养分和氧气输送至全身并排出废弃物的"循环器官"；鼻子、气管、肺等为获取用来分解养分的能量而吸入氧气、排出二氧化碳的"呼吸器官"；精巢、卵巢之类担负人类繁衍后代责任的"生殖器官"。

同时，相同功能的器官结合在一起成为行使同种作用的器官系统，如消化系统、循环系统、泌尿系统、免疫系统、内分泌系统等。

关于生物体构成的叙述型问题

 请通过周围的实例阐述非生物与生物的差异。

如果用针扎属于非生物的石块，石块并不会有任何反应，而生物体遇到很小的刺激一般都会有所反应。另外，生物体具有适应环境的特性。比如，生活在洞窟中的蝙蝠虽然因为过于黑暗而看不清周围的情况，但它们适应了黑暗的环境，利用超声波在黑暗中自由地飞来飞去。生物体能够从外部环境中获取所需的物质与能量，树木之所以喜欢阳光也是出于这个原因。同时，生物体由细胞构成，能够通过生殖和繁殖来繁衍后代，这也是生物与非生物之间的最大区别。

 以蔷薇和松鼠为例，说明一下植物与动物的区别。

蔷薇等植物与松鼠等动物均由细胞构成。但是，相比于蔷薇，松鼠拥有对外界刺激反应更敏感的鼻子、眼睛、耳朵等感觉器官，以及将反应转化为具体行动的发达的肌肉器官。发达的感觉器官和肌肉器官之所以只存在于动物体内，是因为植物总保持在原有位置摄取养分，而动物则需要移动获取营养成分。

第二章

消化与循环

★营养元素的功能　　我们的身体需要哪些营养元素
★营养元素的消化与吸收　　食物是如何被消化的
★血液的循环　　血液在我们的身体中起到什么作用

我们的身体需要哪些营养元素

同学们喜欢吃快餐吗？快餐既方便快速，味道又香甜可口，相信一定很符合同学们的胃口。

假设 如果在一个月的时间内每天只吃快餐，那么我们的身体会发生怎样的变化呢？大家想过这个问题吗？

生活中的生物故事 1

老奶奶们为什么会驼背

"弯弯背的奶奶走在弯弯曲曲的羊肠小道上。"这是韩国小朋友们很喜欢唱的一句童谣。就像童谣的歌词中所写的一样，我们常常能够看到一些背部微驼的老奶奶。许多人认为年纪大的老人出现弯腰驼背、身高缩短等情况是非常正常的。但是从医学的角度来看，随着年龄的增长而驼背的现象其实应该算作一种疾病，医生们认为是因脊柱压迫关节而导致的严重骨质疏松症。

驼背的老奶奶

骨质疏松是指由于骨骼组织的流失而

造成的骨骼在保持原有形状及长短的情况下密度降低的症状。

患有骨质疏松症的人的骨骼极易折断，而且骨折后恢复的速度也比正常人慢得多。那么，为什么老奶奶特别容易患上骨质疏松呢？

对于这个问题有多种解释，其中认可度最高的说法是人体内缺乏钙或磷等元素。我们通过食物来获取碳水化合物、脂肪和蛋白质这三大营养物质，除此之外，人体还需要摄取无机盐、维生素、水等物质来维持生命。其中，无机盐可以转化成构成人体的物质，同时帮助调节生理机能。特别是钙和磷，它们作为骨骼和牙齿的成分，是构成身体的重要物质。因此，如果无法正常摄取钙和磷，那么骨骼密度便会随着年龄的增加而降低，造成骨质疏松。

为什么说偏食是种坏习惯

摩根·斯普尔洛克因导演纪录电影《超码的我（Super Size Me）》而获得美国第 24 届"圣丹斯电影节"纪录片的导演奖，成为人们热论的话题。

《超码的我》电影海报

《超码的我》是摩根·斯普尔洛克导演为揭露快餐食物的危害性，亲自连续 30 天，三餐只吃快餐食物，并记录自己身体变化的纪实电影。这可是很多快餐儿童的梦想，然而，摩根·斯普尔洛克却经历了异常梦魇……

在 30 天内，他的体重增加了 11.3kg，并患上了高胆固醇和脂肪肝等疾病。他用"身体"亲自证明了快餐食物对人类身体的危害。从此之后，人们对快餐有了新的认识。

被美国文化深入影响的我们需要提高对快餐食物的警惕。因为很多青少年因贪图快餐的美味而面临严重的偏食问题。偏食对儿童的身心健康都有极其严重的影响。

想象一幅由 1000 块碎片拼成的拼图，如果缺失了几块碎片又会怎样呢？美丽的图画可能因此永远也无法完成。人类的身体也是如此，不能偏食，每天吃进多种多样的食物，然后进行消化。消化是指为了维持生命活动而通过饮食获取所需营养元素的过程。

通过消化获取的营养元素被用作构成身体的物质，帮助身体生长或使伤口恢复，成为我们身体活动的能量来源。但是如果出现偏食症状，身体便无法均衡地摄取营养。若长时间维持这种状态，可能会因为营养不均衡而抑制身体的生长或能量的生成，严重时甚至会对健康造成威胁。

我们身体中必需的营养元素

◆ ◆ 为什么摄取营养成分非常重要

植物与动物在生命过程中需要各种营养元素。绿色植物通过光合作用自行合成生长所需的营养元素；动物无法自行合成营养元素，而是通过食用植物或其他动物来获取营养元素。

◆ ◆ 我们身体的能量来源，三大营养元素

糖类、脂肪和蛋白质是我们身体中不可缺少的三大营养元素。

糖类由碳元素（C）、氢元素（H）和氧元素（O）构成，是人体主要的能量来源。根据其分子大小，大致可分为单糖类、二糖类和多糖类。葡萄糖、蔗糖、淀粉都属于糖类。

脂肪由碳元素（C）、氢元素（H）、氧元素（O）构成，是供给人体能量的主要物质，同时也是动物身体的构成成分。脂肪能够分解成脂肪酸和甘油。

蛋白质由多个氨基酸分子结合而成，人的生长发育以及受损细胞的修复和更新，都离不开蛋白质。蛋白质是形成人体细胞原生质的主要成分，也被用作能量来源。

◆ ◆ 我们身体必需的另外三种营养素

无机盐、维生素和水虽然不会像三大营养素一样释放能量，但也是生物体维持生命的必需物质。无机盐类包括钙（Ca）、磷（P）、铁（Fe）、硫（S）、钠（Na）、钾（K）、氯（Cl）、镁（Mg）、碘（I）、铜（Cu）等。这些营养素是我们身体的构成成分，用来调节生理活动。

无机物的种类	缺乏症状
含钙的无机盐	儿童易患佝偻病；中老年人易患骨质疏松症
含磷的无机盐	厌食、贫血、肌无力、骨痛等
含铁的无机盐	缺铁性贫血（乏力、头晕等）
含碘的无机盐	甲状腺肿大、精神不佳、反应迟钝、儿童身体和智力发育缓慢
含锌的无机盐	生长发育不良，味觉发生障碍

几种无机盐缺乏时的症状

维生素虽然不是构成细胞的主要原料，人体每天对它们的需求量也很小。但是，维生素对人体的重要作用是其他营养物质所不能代替的。人体一旦缺乏维生素，就会影响正常的生长发育。

种类	缺乏症状	种类	缺乏症状
A	皮肤干燥、夜盲症	B_{12}	恶性贫血
B_1	神经炎、脚气病、消化不良	C	坏血病、抵抗力下降
B_2	舌炎、口角炎	D	佝偻病、骨质疏松症
B_6	脂溢性皮炎	E	新生婴儿缺血症

几种维生素缺乏时的症状

水是人体细胞的主要成分之一，约占体重的 60% ~ 70%。人体每天需要摄入 1L ~ 3L 的水分。水是生物体内所有化学反应的媒介，也是血液等体液和细胞质的主要成分。人体的各项生命活动，离开水都无法进行。

关于营养素功能的叙述型问题

🍔 探测外星生命的科学家们会最先确认作为探查对象的天体上是否有水的存在。这样做的理由是什么呢?

生命体中进行的绝大部分生命活动（尤其是呼吸活动等）都是通过化学反应进行的，而水是化学反应的媒介。换句话说，如果没有液态水，生命体内的化学反应便无法进行。因此，水是维持生命活动最基本的物质。这就是为什么在绝食期间即使不吃任何食物，也不能不喝水的原因。

🍔 随着人逐渐衰老，很容易患上下图所示的骨质疏松症。骨质疏松症一般很难治疗，因此必须加强预防。那么，怎样才能有效预防骨质疏松症的发生呢?

人年老后，饮食量会慢慢减少，对钙的摄取也会严重不足，这就造成消化器官对钙的吸收功能的降低。同时，调节血液中钙元素含量的维生素D也会减少，引发缺钙状态的出现。在钙元素不足的情况下，人体为了提高钙的生产量而提高甲状旁腺激素的分泌，使得骨骼中的钙质向血液流出。因此，骨骼

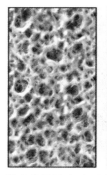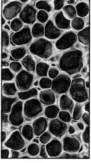

健康的骨骼密度（左图）与患有骨质疏松症的骨骼密度（右图）

密度减小，造成骨质疏松。

　　对于骨质疏松症来说，预防比治疗更加重要。为此，我们应当注重饮食均衡，多摄取一些含有钙、磷、蛋白质、维生素D的食物。另外，还应尽量通过运动加强骨骼密度，并进行适当的日光浴以补充体内维生素D的含量。

食物是如何被消化的

　　同学们有过积食的经历吗？积食时会感到胸闷、头痛，严重时甚至会导致呕吐。每当这时，爷爷奶奶就会用手为我们轻轻拍打背部或者按揉腹部，有时还会用针扎。

假设 胃肠能够正常蠕动分泌消化液，那么积食的症状应该就会消失吧？身体会发生怎样的变化呢？大家想过这个问题吗？

生活中的生物故事 1

有能够帮助消化的食物吗

　　去猪脚店时，常常会发现桌上有一小碗虾酱，据说是因为蘸着虾酱吃，猪脚肉质会更加松软。同样的道理，烤肉时常会配有加入梨汁的调料。那么，虾酱和梨汁中真的含有能够使肉质松软的成分吗？

　　我们通过饮食获得的营养元素会在消化器官中分解为很小的分子，便于身体进行吸收，这个过程需要消化酶的参与。酶具有促进身体正常反应的功能，其中消化酶便是用来帮助消化的。

　　消化过程的第一个步骤是通过咀嚼食物来完成。唾液中含有的消化酶——"唾液淀粉酶"将食物中的淀粉部分转变为麦芽糖。这就是为什么长时间咀嚼米饭时会尝到甜味的原因。

然后，食物通过食道进入胃部。胃液中含有名为"胃蛋白酶"的消化酶，它能够分解经过口腔时未被分解的蛋白质。此外，胃液还含有盐酸，用来帮助胃蛋白酶进行消化，同时还可以消灭食物中的细菌。

胃把食物进一步分解后，食物就进入小肠。小肠是营养物质消化和吸收的主要场所。经小肠吸收的营养物质能够直接进入血液，或者经淋巴循环后进入血液，提供人体活动的基本需要。

猪脚与虾酱、烤肉与梨汁一同食用是为了使消化更好地进行。虾酱和梨汁中含有能够分解脂肪和蛋白质的酶，所以将它们与其他食物一起咀嚼，可以缩短分解营养素的消化过程，促进消化。另外，我们所服用的消化药剂的主要成分也是消化酶。

生活中的生物故事 2
出现积食现象的原因是什么

饮食过多可能会导致胃肠不适、背部虚汗，有时甚至会出现呕吐现象，这些都是积食的症状。如果积食严重，甚至会被送进急救室。

根据食物的变化状态，人体内的消化过程可分为利用消化酶使食物发生化学变化的"化学性消化"，以及利用食物的物理变化来辅助进行化学消化的"机械性消化"两种。

大体来说，机械性消化包括咀嚼食物的咀嚼运动、搅拌食物的混合运动以及移动食物的蠕动。

其中，食道蠕动出现异常便会导致积食现象的发生。蠕动指的是将食物移动至下一消化阶段的运动过程。如果进食过急，会出现食道或食道与胃部连接部位的蠕动运动异常，就会引起积食。

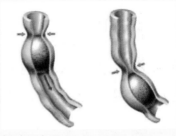

蠕动示意图

消化的过程和营养成分的吸收

◆ ◆ 什么是消化和消化器官

消化是指将所摄取的食物中的营养素分解成便于身体吸收的小分子的过程。淀粉分解为葡萄糖，蛋白质分解为氨基酸，脂肪分解为脂肪酸和甘油。

消化器官是连接口腔到肛门（口腔→食道→胃→小肠→大肠→肛门）的一条长长的管道，对通过的食物进行消化。

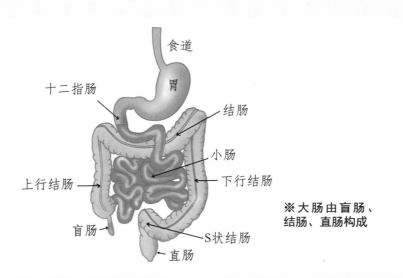

食道

胃

十二指肠

结肠

小肠

上行结肠

下行结肠

盲肠

S状结肠

直肠

※大肠由盲肠、结肠、直肠构成

人体的消化器官

◆ ◆ 消化需要经过怎样的过程

消化按照口腔→胃→小肠→大肠的顺序，进行机械消化与化学消化相结合的消化方式。

口腔内的消化

● 机械消化：牙齿咀嚼食物，使食物充分研磨；舌头将食物与唾液混合，使其进入食道；接着，食道通过蠕动将食物送往胃部。

● 化学消化：食物进入口腔中，人体会通过分泌唾液，对淀粉进行消化。唾液中含有名为淀粉酶的消化酶，能够将淀粉分解为麦芽糖和糊精。

胃内的消化

● 机械消化：通过胃壁肌肉的收缩运动，使食物与胃液充分混合为黏稠状，之后利用胃部蠕动将食物送至十二指肠。

● 化学消化：胃腺分泌的胃液中含有黏液、盐酸、胃蛋白酶等物质。其中，负责进行化学消化的胃蛋白酶能消化蛋白质；胃液消灭食物中的细菌，胃液中的盐酸有利于蛋白质的分解。

小肠内的消化与吸收

● 机械消化：利用部分小肠壁的收缩舒张运动，将胃部传送下来的食物与消化液充分混合。另外，小肠通过蠕动帮助食物向下运送。

● 化学消化：小肠通过肠激酶和肠淀粉酶的作用，对碳水化合物、脂肪和蛋白质等物质进行分解、吸收。

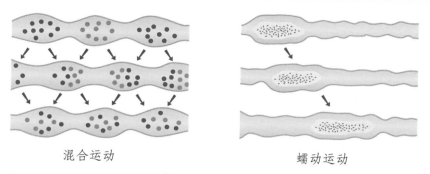

混合运动　　　　　　　蠕动运动

小肠的运动

● **营养成分的吸收**：小肠内壁的褶皱上存在着无数细小的绒毛。这些肠绒毛有效地增大了小肠的表面积，有利于吸收已被消化的营养素。另外，肠绒毛表面由单层表皮细胞构成，使得营养成分可以更好地通过。肠绒毛中央生有由淋巴管向毛细血管连接的乳糜管，用于吸收脂肪酸、甘油、脂溶性维生素等脂溶性营养素。

同时，肠绒毛乳糜管周围包围着许多网状的毛细血管，这些毛细血管能够吸收葡萄糖、氨基酸、水、无机盐、水溶性维生素等水溶性营养素。

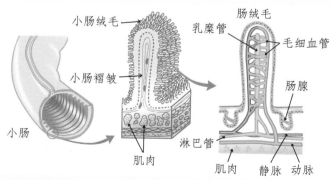

小肠内部及小肠绒毛的结构

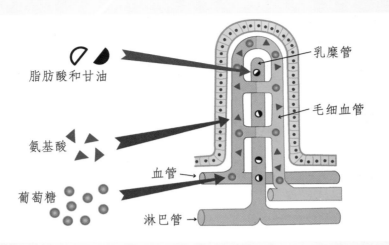

脂肪酸和甘油

氨基酸

葡萄糖

乳糜管

毛细血管

血管

淋巴管

营养素的吸收

大肠的作用

大肠的长度约为 1.8 m，直径约为 7.5 厘米，主要由盲肠、结肠和直肠三部分组成。大肠中没有显著的消化、吸收的功能，其主要功能是暂时贮存食物残渣和吸收水分。另外，存在于大肠中的大肠菌等细菌可以分解食物残渣，产生气体。粪便是消化后剩余的固体残渣，它是通过大肠的蠕动经肛门排出体外的。

科学抢先看

关于营养素的消化吸收的叙述型问题

 肚子饿的时候为什么会发出"咕噜噜"的声音？请仔细思考胃部的功能，然后对这一现象作出解释。

胃部通过蠕动和混合运动来消化食物，并将食物运送至小肠。但是，并非所有的食物都会进入小肠，部分食物可能与空气一起留在胃中。这些空气需要通过胃部的运动经狭窄的出口被排至小肠，此时便会发出"咕噜噜"的声响。

喜欢喝酒的人常常会将"胃里绞痛"的话挂在嘴边，这是胃溃疡的代表症状。请将其与消化液关联起来，分析这一症状产生的原因。

胃可以分泌胃液。胃液中含有能够消化蛋白质的胃蛋白酶和帮助消化的盐酸。由蛋白质构成的胃器官之所以不会被胃液消化，是因为胃黏膜包着胃壁不受胃液侵蚀。由于压力、饮酒、吸烟、幽门螺杆菌侵入等因素造

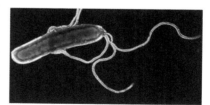
幽门螺杆菌

成胃黏膜被破坏，致使胃液直接接触胃壁的症状就是胃溃疡。严重的情况甚至可能造成胃穿孔。

47

血液在我们的身体中起到什么作用

我们的体内为什么有血液流动？为什么心脏总在不停地"怦怦"跳动？这些都是由于心脏和血液起着输送养分和废物的重要作用。

假设 心脏暂时停止跳动，我们的身体会发生什么情况呢？

生活中的生物故事 1

伤口的血为什么会凝固

大家还记得 2020 东京奥运会羽毛球女子单打冠军吗？她就是中国运动员陈雨菲。在她结束奥运会赛程，回国参加第 14 届全运会时，比赛进行到一半鞋子突然出了问题，她的脚指头被割伤，还流了血。陈雨菲紧急换了鞋子，带伤继续坚持参加了比赛。流出的血在继续比赛的过程中会慢慢凝固，但运动员感受到的疼痛却会一直在比赛中持续，这也是我们要向他们学习的地方。

就像这样，当我们身体的某处受伤流血时，只要过上一段时间血便会自然止住。那么，为什么会发生这种一段时间后血液自然凝固的现象呢？

　　首先，我们需要对血液做一下深入的了解。就像与远方城市之间相互配送物品的物流系统一样，血液便是在构成多细胞生物体细胞之间担当物质交换作用的液体。血液具有输送养分、传递氧气与二氧化碳、调节体温等作用。

　　血液大致可分为液体成分的"血浆"和固体成分的"血细胞"。血浆是一种淡黄色液体，它能够运载血细胞，运输维持人体生命活动所需的物质和体内产生的废物。

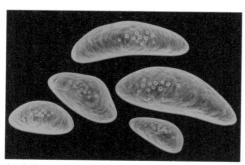

帮助伤口止血的血小板

　　血细胞由红细胞、白细胞和血小板组成。其中，受伤时促进血液凝固、防止出血（止血）的成分为"血小板"。如果血液流出血管之外，血小板遭到破坏，体内就会分泌促进血液凝固的酶。

因此，血小板能够防止血液流出体外，起到保护身体的作用。球员黄善洪在上半场比赛中因受伤而大量流血，只得缠着绷带拼搏于赛场，但是由于血小板具有快速止血的功能，他在后半场只贴着胶布就可以继续比赛了。

生活中的生物故事 2

血管为什么看起来青绿青绿的

仔细观察一下自己的手背和脚背。是不是看到许多青绿色的青筋（血管）呢？血管中流淌的血液明明是红色的，血管为什么看上去却呈现青绿色呢？

我们体内的血管由动脉、静脉和连接在它们中间的毛细血管组成。动脉是将血液从心脏输送到身体各部分去的血管，它具有较厚的管壁，弹性较大，能够承受高压。

静脉是把全身各部分的血液送回到心脏的血管，通常具有可以防止血液倒流的静瓣膜。血液经过毛细血管汇入静脉时压力较小，因为静脉的管壁较薄、弹性小，管内血流的速度慢。

毛细血管非常纤细，只能允许红细胞单行通过，管壁非常薄，只由一层扁平上皮细胞构成；管内血流的速度最慢。

动脉位于人体的中心部位，因此从人体的外表难以观察，手脚处能够看到的血管大部分为静脉。静脉的壁是呈青绿色的，所以我们用肉眼看起来血管便呈现出青绿的颜色。

担负我们身体循环重任的血管和心脏

◆ ◆ 人体内的物流负责人——血液

如图所示，血液中大约 45％
是被称为"血细胞"（红细胞、白
细胞、血小板）的固体成分，剩
余的 55％ 则为液体成分的血浆。

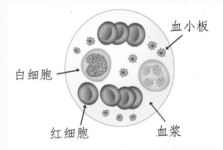

人类的血液成分

红细胞

血细胞中数量最多的是红细
胞，红细胞呈双面凹的圆饼状。成熟的红细胞没有细胞核，富含血
红蛋白，因此颜色鲜红。血红蛋白在氧含量高的地方容易与氧结
合，在氧含量低的地方又容易与氧分离，这使得红细胞具有运输氧
的功能。

白细胞

白细胞有细胞核，比红细胞大，但数量少。当病菌侵入人体体
内时，白细胞能穿过毛细血管壁，集中到病菌入侵部位，将病菌包
围、吞噬。

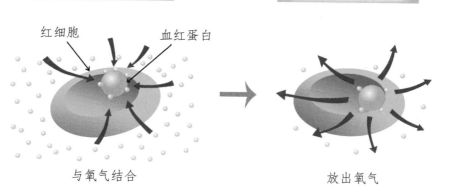

| 氧气充足的部位：肺 | 氧气不足的部位：组织 |

红细胞　血红蛋白

与氧气结合　　　　　　　　放出氧气

血红蛋白的作用及红细胞输送氧气的功能

血小板

血小板是最小的血细胞，形状不规则，没有细胞核。当人体受伤时，血液从破裂的血管中流出来时，血小板会在伤口处聚集，释放与血液凝固有关的物质，形成凝血块堵塞伤口，从而起到止血的作用。

血浆

血浆中的90％的成分都是水，其中含有葡萄糖、氨基酸、无机盐等营养成分以及酶、抗体、废物、二氧化碳等物质。血浆为组织细胞提供各种营养成分，并将组织细胞中的废物和二氧化碳输送至肾脏和肺部。

◆ ◆ 人体的物流中心——心脏

人类的心脏为拳头般大小的袋状器官，位于胸腔内、膈以上，居两肺之间。心脏由两个心房和两个心室构成。

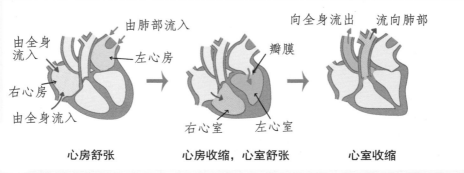

由肺部流入
由全身流入
左心房
右心房
由全身流入

向全身流出　流向肺部
瓣膜
右心室　左心室

心房舒张　　　　心房收缩，心室舒张　　　　心室收缩

心脏搏动与血液流向

左心房和右心房

左心房和右心房是心脏内部靠上的两个空腔，它们负责把血液压入心室。左心房的位置较其他心腔高，经肺氧化后的血液回流进入左心房。右心房接受从上、下腔静脉和冠状窦返回到心脏的血液。

左心室和右心室

左心室与右心室是心脏内部靠下的两个空腔。位于心脏的前下部，它们要把血液压送出去，所以肌肉较厚。左心室把血液压送至全身，右心室把血液输往肺部。

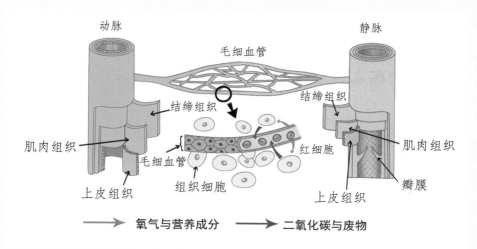

血管及物质交换示意图

瓣膜

瓣膜是位于心房与心室之间，起到防止血液倒流作用的隔膜。

心脏的作用

血液从心脏输送至全身的过程是这样的：左右心房舒张，肺静脉和大静脉中的血液流入心房。之后，左右心房收缩，心室舒张，此时心房与心室间的瓣膜打开，血液被推入心室。接着左右心室收缩，心房与心室间的瓣膜关闭，心室与动脉间的瓣膜打开，血液流向大动脉和肺动脉。心脏中流出的血液输送至遍布全身的毛细血管，进行物质交换（见上图）。

◆ ◆ 血液在人体中是如何流动的

人体的血液循环是由体循环和肺循环两条路径构成的双循环系统。

体循环

指由左心室收缩经过大动脉的血液流向全身各器官，然后通过大静脉回到右心房的过程。体循环为全身的组织细胞提供氧气和营养素，并接受组织细胞排出的二氧化碳和废物。

> 体循环的途径：左心室➔大动脉➔全身各部毛细血管➔大静脉➔右心房

肺循环

指在全身循环的血液由右心室收缩射出流经肺动脉，然后经过肺部，再通过肺静脉流回左心房的过程。肺循环能够将二氧化碳排出肺部，同时吸收氧气。

> 肺循环的途径：右心室➔肺动脉➔肺部毛细血管➔肺静脉➔左心房

关于血液循环的叙述型问题

 为什么当血液流出身体时会凝固，而在体内流动时则不会凝固？

如果连接我们体内各个部位的血管中的血液发生凝固或者不能畅通流动，那么氧气和营养素的供给便会停止，最终我们的生命也会停止。所幸的是，在血管内部几乎不会发生血小板被破坏从而促使血液凝固的情况。即使血小板遭到破坏，肝脏也会产生一种物质来防止血液凝固。因此，血管中流动的血液不可能发生凝固的现象。

体育课上进行跑步运动后，会出现心跳加快、呼吸急促、大量排汗等现象，并能够感受到急促的脉搏跳动。那么，剧烈的体育运动后，脉搏会加快的原因是什么呢？

当心脏搏动喷出血液时，大动脉扩张，振动传导至血管，这就是脉搏。一般来说，人类的脉搏为每分钟 70 次左右。但剧烈运动时，肌肉细胞为获得维持运动的足够能量，需要消耗比平时更多的养分和氧气，同时排出更多的废物和二氧化碳。

为了向运动中的肌肉细

胞快速提供氧气和养分，并快速将二氧化碳和废物排出体外，心脏的搏动自然会加快。

同样是血管，但动脉血管管壁较厚，而毛细血管的管壁却非常薄。另外，静脉中还存在着动脉和毛细血管中所没有的瓣膜。为什么每种血管都具有自己不同的特征呢？

　　动脉中流动着从心脏中射出的血液，会受到由心室收缩而带来的高压。因此，为了承受这种压力，动脉血管壁较厚且富有弹性。与之相反，静脉血管中的血压较低，因此生有瓣膜，以防止血液倒流。另外，因为不会受到高压，所以血管壁没有必要生长得过厚。

　　毛细血管由于需要为组织细胞提供氧气和营养素，同时接受二氧化碳和废物，为确保物质交换过程的顺利进行，因此血管壁较薄。同理，所以动脉位于体内较深的位置，静脉分布于身体表面，而毛细血管则遍布人体各处。

第三章

植物的结构与功能

★根部　　　植物的根部有什么作用

★茎部　　　植物的茎部有什么作用

★叶　　植物的叶子有什么作用

★花和果实　　　花和果实有什么作用

▶▶ 根部

植物的根部有什么作用

植物不像动物一样有嘴，却照样可以吸收水分。如果根据植物的种类给予恰当的水分和阳光，植物便会茁壮成长。

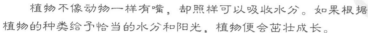

假设 不存在渗透现象，那么根部还能够吸水吗？

生活中的生物故事 1

如果吃完方便面接着就睡觉，第二天脸为什么会浮肿

同学们学习到深夜时常常会感到肚子饿吧？这时煮一碗很快就

可以很快吃上的方便面

方便面中含有大量盐分

能吃上的方便面，相信没有几个人能够抵挡住这般诱惑。但是，一想到第二天早上起来浮肿的脸，又会有些踌躇。不知道同学们有没有对此感到好奇呢？为什么吃过方便面马上就睡觉，第二天，脸会肿起来呢？下面，让我们一起来探讨一下吧。

吃方便面时，我们不仅仅食用面饼，面汤中的大量盐分和调味料也会被身体一同摄取。这些物质能够造成脸部毛细血管和皮肤组织细胞之间出现盐分的浓度差，这时，由于渗透现象的作用，体内的水分会从盐分浓度低的一侧移动至高的另一侧。即盐分浓度低的脸部毛细血管中的血浆成分大量向盐分浓度高的组织细胞转移，致使细胞膨胀，从而引起脸部的浮肿。

渗透现象在生物体内起着非常重要的作用，产生渗透现象的代表部位是植物的根部，因为它需要通过渗透现象吸收水分。植物的根部在地下广泛伸展，除了能够支撑住植物体的重量之外，还有一个更重要的功能，就是吸收植物体生存必需的物质（水分或无机养分）。

 生活中的生物故事 2

液体栽培如何进行

将洋葱或红薯培养在装满水的容器中，放在有阳光直射的窗边。几天之后，我们会发现植物长出了根和叶。液体栽培便是指这种用水而非土壤来培养植物的方式。

这时，植物会被放入富含各种营养元素的培养液中进行长时间的培育。这种方法与土壤培育相比，获得的植物更加清洁，因此，许多绿色蔬菜都使用液体栽培来培育。

如果使用去除某种特定元素的培养液进行液体栽培，就可以了解各元素对植物生长所起到的作用。培养在缺钾溶液中的植物会出现褐色斑点，缺铁或镁的培养液会导致植物出现叶片发黄等不良现象。结果证明，碳、氢、氧、氮、硫、磷、钙、钾、镁和铁是植物生长发育过程中不可缺少的几种元素。如果缺少了其中的一种元素，植物便不能正常生长，甚至可能导致死亡。

液体栽培中的植物

碳、氢、氧以二氧化碳和水的形式被叶片的气孔或根部吸收。其他的元素大部分溶于水中由根部吸收。植物根部利用呼吸作用产生的能量进行水和养分的吸收。

根深的树本不会因风★而动摇

◆ ◆ **详细了解植物根部**

如下图所示，植物的根部由主根、侧根构成。各部分特征如下所示。

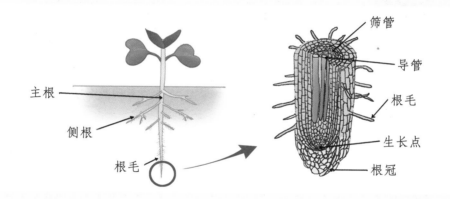

● **根毛**：根毛由一个表皮细胞演变而来，用于吸收水分和无机盐。

● **生长点**：促进细胞分裂，使根部不断伸长。

● **根冠**：起到保护生长点的作用。

● **维管束**：位于植物体根的内部，由输送水分的导管和输送营养成分的筛管构成。

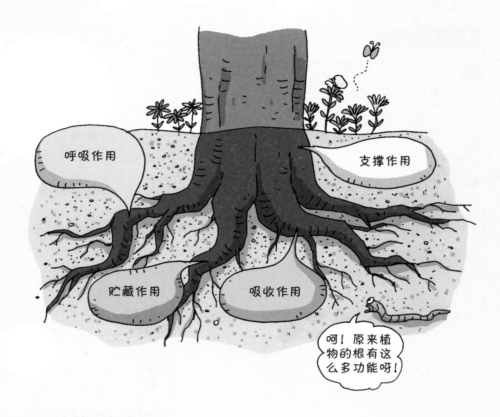

◆ ◆ **根部的功能**

植物的根部具有使植物体立于土壤中的支撑作用、依据渗透原理吸收水分和无机养分的吸收作用、吸收土壤中氧气的呼吸作用以及将光合作用中产生的有机养分以淀粉形式储存起来的贮藏作用。

◆ ◆ **根部是如何吸收水分和养分的？**

渗透现象指在与细胞膜或玻璃纸膜等半透过性薄膜两侧存在浓度不同的两种溶液时，水分从浓度低的一侧向浓度高的一侧移动的现象。如下页图中所示，在渗透现象的作用下，植物根部可以吸收土壤中的水分和无机养分。

像这样，根毛对水分的吸收按照"根毛→皮层→内皮→根部导管→茎部导管→叶片"的移动顺序进行。

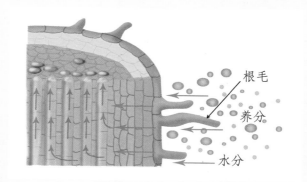

根毛

养分

水分

◆ ◆ 植物生长所需的元素

对燃烧植物体后生成的灰烬和气体进行分析，可以得出组成植物体的成分主要有碳、氧、氮、氢等和磷、铁、钾、钙、镁、硫等无机盐类。因此，如果植物体无法获取这些物质，便不可能正常生长。碳、氢、氧、氮、硫、磷、钾、钙、镁、铁这些元素对植物生长来说必不可少，被称为"十大必需元素"。

◆ ◆ 液体栽培

将植物生长必需的营养素以适当的比例与水混合，制成"培养液"。利用培养液栽培植物的方法称为"液体栽培"。

现在多用植物学家诺普发明的诺普液作为培养液使用。这种培养液中包含了除十大必需元素之一碳元素之外的其他所需元素，并按照适合植物生长的比例调配出来。

完全培养液　　　缺少氮元素　　　缺少镁元素　　　缺少铁元素

生长迟缓

生长迟缓，
叶片焦黄

生长迟缓，
叶片焦黄

各培养液成分对植物生长的影响

同样，通过调节培养液的成分含量，我们便能够得知植物所需元素的种类及各元素对植物生长起到的作用。

关于植物根部的叙述型问题

 向花盆中投放过多的肥料反而可能导致植物的死亡。这是为什么呢？

　　肥料中含有多种养分。但如果施肥量超过植物的需求量，则会导致土壤中的养分浓度偏高。根据渗透现象，当土壤养分的浓度高于植物内细胞液的浓度时，植物体内的水分将向土壤中流失，就有可能导致植物的死亡。

 大气污染导致了酸雨的频发。酸雨对植物到底有何影响？请做出说明。

　　土壤中存在植物生长所必需的元素，但由于酸雨的破坏，土壤中的植物根部无法吸收到这些元素。再加上酸雨能促使根部吸收对植物体有害的铝元素等，阻碍了植物的生长发育，破坏了植物内部组织。

 下图为生长在缸中的水藻。这种被淹没在水中的水藻是如何吸收水分和营养物质的呢？

　　类似于水藻等淹没在水中的植物一般会整株吸收周围的水分，这会比用根部吸收容易得多。因此，这类植物适应了全身吸收水分的形式，根部出现退化。

▶▶ 茎部

植物的茎部有什么作用

登山的时候仔细观察一下植物的茎部。我们会发现长有针刺的茎、缠绕着其他植物生长的茎、匍匐在地面生长的茎等千差万别的植物茎种类。

假设 植物没有茎部，那么根部将会如何吸收营养成分呢？

生活中的生物故事 1

为什么会长出年轮

韩国树龄最长的银杏树要数京畿道龙门山龙门寺前的银杏树了。植物学家们测定这棵银杏的年龄已超过 1100 岁。那么，树木的年龄应该如何计算呢？

年轮图片

截断树干，我们会看到一圈圈的年轮，年轮的圈数向我们透露了树木的年龄。那么，树干中为什么会生有年轮呢？简单来说，年轮是树茎的截面。

季节之间的气温差异导致了茎部生长的速度有所不同，从而产生出年轮。详细来说，春

夏季气温高，生长的细胞体积较大，柔软色白；而秋冬季细胞的生长速度放慢，细胞体积较小，呈现深色。因此，在季节变化显著的温带地区，树干中会根据季节交替而呈现一浅一深的带状条纹，这就是年轮。这样一来，数出年轮的圈数便可以得知这棵树到底度过了多少个春夏秋冬，也就知道了它的年龄。

但是，在热带地区等季节变化不明显的地方，树木就没有年轮，这些地区的人们只能利用其他方法来测定树木的年龄。

生活中的生物故事 2

土豆是果实还是茎部

登山时能够看到各种各样的花草树木。有白栎木、橡树等高高伸向天空的树木，也有杜鹃、迎春花等只能长到一人身高的植物。

一般来说，植物的茎部都会朝向天空生长，但也有许多不同的

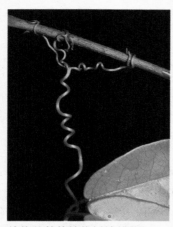

缠绕着其他植物树枝的茎部

藤树、喇叭花的茎都属于这一类型。

形态。比如，草莓、红薯之类的匍匐茎、藤树之类的缠绕茎、仙人掌等的扁平茎，还有枸橘、石榴之类转化为针刺状的茎，等等。

我们常常食用的土豆或洋葱其实也是植物的茎部。土豆是用来储藏养分的块状茎，而洋葱则是变为鳞甲形状的茎。

植物的茎部为什么会呈现出如此多样的形态呢？植物学家们认为，这是因为植物处于千差万别的环境下，为了适应环境，它们的茎部发生了多样的变化。也就是说，为适应干燥环境，仙人掌等植物的茎部变成了能够有效包含水分的形态；为避免遭到草食动物的啃食，枸橘的茎部变为针刺状。

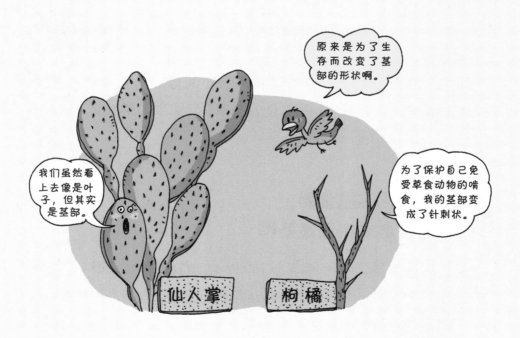

适应环境生存下来的各种植物茎

◆ ◆ 植物茎的结构是怎样的？

树木的茎部能够起到支撑植物体的作用，用于在根部与叶片之间运送养分的筛管和导管也位于这里。筛管由上下细胞壁穿孔的活细胞构成，是将叶片制造出的养分输送至根部的通道。导管是将根部吸收的水分和无机养分传送至叶片的通路。导管像吸管一样笔直延伸，细胞壁较厚。

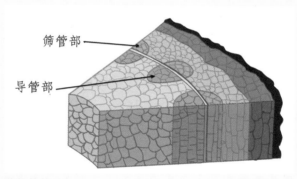

筛管部

导管部

茎部的构造

就像家庭中使用的水龙头或身体中的血管一样，作为植物体内运送物质通道的导管和筛管构成束状，称为"维管束"。

除此之外，植物茎部最外侧有一层表皮细胞层，表皮下还有数层细胞组成的皮层。

◆ ◆ 双子叶植物与单子叶植物的茎部比较

双子叶植物与单子叶植物的茎部构造有所不同。双子叶植物的维管束排列规则，具有促进植物茎部生长的形成层；单子叶植物的维管束排列不规则，没有形成层，茎部不能生长。

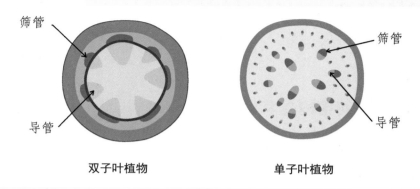

筛管　导管　双子叶植物　　筛管　导管　单子叶植物

◆ ◆ **茎部的作用**

植物的茎部具有支撑植物体的支撑作用、输送水分和养分的输导作用、进行呼吸的呼吸作用以及储存养分的贮藏作用。

◆ ◆ **植物茎的种类**

植物拥有担负各种作用的多样的茎。以下为几种最具代表性的植物茎种类。

凤仙花的茎

● **直立茎：** 从土壤中长出并一直向上延伸的植物茎。如：树或凤仙花等。

牵牛花的茎

● **缠绕茎**：只能缠绕在其他物体上向上生长的植物茎。如：牵牛花或紫藤等。

红薯的茎

● **匍匐茎**：匍匐在地面上向四周蔓延的植物茎。如：草莓或红薯等。

葡萄的茎

● **攀缘茎**：依赖其他物体作为支柱，缠绕或吸附在上面向上攀爬。如：黄瓜、葡萄等。

关于植物茎的叙述型问题

 茎部生长在水中的花卉比生长在空气中的花卉生存时间更长。这是为什么呢？

如果花卉的茎部生长在空气中，细小的空气泡极易进入导管，从而妨碍水分的移动。相反，对于在水中生长的茎部，几乎没有气泡进入导管的可能性，因此水分移动较为通畅，生存时间也更长。

土豆的茎部演变为块状茎，红薯的根部演变为块状根。土豆和红薯分别作为植物的茎部和根部进行营养物质的储存。请对此说明原因。

土豆是由于从埋藏在土壤中的茎节处生长出的匍匐茎末端肥大而形成的，但土豆的根部与茎部不同，不会形成粗大的组织。相反，红薯的茎部匍匐在地表向四周延伸，不会形成土豆茎一样粗大的组织，但红薯根部会形成粗大组织，使得营养成分更好地聚集，从而使根部更加粗大。因此，土豆和红薯分别是由茎部和根部演变而成。

▶▶ 叶

植物的叶子有什么作用

在日本动画片《龙猫》中，龙猫在下雨时总会在头顶撑起一片荷叶。这种植物的宽大叶片可以代替雨伞来使用。植物的叶片能够进行蒸腾作用和光合作用。

假设 植物没有叶片，那么它会在什么部位进行光合作用呢?

生活中的生物故事 1

哪种植物的叶片用来做雨伞最好

在电影或漫画中出现突然下雨的场景时，主人公常常会用池塘中大片的荷叶或地里的芋头叶来遮挡雨水。生活中，这些"天然雨伞"随处可见。雨滴落在上面便会像珠子一样滚落下来，因此，它们是代替雨伞的极佳选择。同学们是否有过这样的疑问，为什么滴落在叶片上的雨水不会渗透进去，而是滚落下来呢?

如果仔细分析一下树叶的构

叶片宽大的芋头叶

造，我们便可找出答案。树叶的表皮是由一层排列紧密的细胞组成的，其外侧有一层蜡质的角质层（覆盖于生物体表面较硬的组织，能够保护水分，防止水分蒸发，在陆生植物和节肢动物中较为发达），因水分无法渗透过角质层，所以可以防止叶内水分的流失。因此，即使雨下得再大，叶片也不会被掉落的雨点淋透。

气孔是叶片与外界环境之间进行气体交换的窗口，也是植物蒸腾失水的门户。气孔是由一对半月形的细胞——保卫细胞围成的空腔。叶片进行蒸腾作用时，水分由此排出体外。

叶片上分布着许多叶脉，叶脉由木质部和韧皮部组成，也就是贯穿在叶肉内的维管束。可以把茎部送来的水分输送到叶片的各个角落，同时将叶子进行光合作用所制造的养分输送到芽、茎、根等部位。

植物里藏有汲水泵吗

关于植物蒸腾作用的实验

将植物罩在塑料袋内，过一段时间便会发现因为蒸腾作用产生的水珠儿使塑料袋内雾气蒙蒙。

如果在首尔的汝矣岛 63 大厦的最顶层（高约 250 m）打开水龙头，水流会像在平房一样哗哗地流出。水是如何被输送到这么高的地方的呢？其实，这是人们利用管道，将水一层层引上来的。

那么，对于一棵 10 m 高的大树，水分又是如何输送到顶部的呢？

这便是蒸腾作用的结果。白天，将长有树叶的树枝用塑料袋罩住，不一会儿便可以发现因为蒸腾作用产生的水珠儿使塑料袋内雾气蒙蒙。因为从根部通过导管到达树叶的水分会在"蒸腾作用"下以水蒸气的形态从气孔放出。

蒸腾作用通过叶片中保卫细胞的形状进行调节，气孔既能张开，又能闭合。每当太阳升起的时候，气孔慢慢打开，空气涌进气孔，为叶片制造有机物提供二氧化碳，水分也通过气孔散失。夜幕降临时，大多数气孔缩小或关闭，蒸腾作用随之减弱。

水是怎样被输送到顶端的树叶中去的呢？

这都是蒸腾作用的结果，就像用吸管喝水一样。

77

开心课堂

叶子的惊人力量——蒸腾作用

◆ ◆ 叶片是什么样子的

如右图所示，从外表来看，植物的叶片由连接茎部与叶片的叶柄、叶柄基部的两片托叶以及叶片上的叶脉构成。

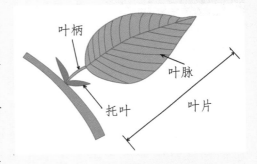

但叶片的内部构造却比任何一种电器设备都要精密、复杂。如下图所示，叶片中包括有上表皮、保卫细胞、气孔、叶脉、叶肉、叶绿体、下表皮等。

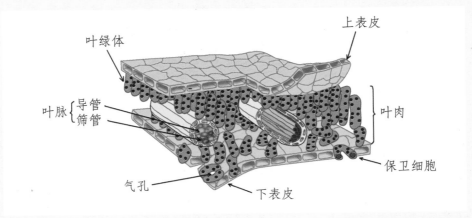

叶片的构造

● 表皮：叶片的上下两面都有一层表皮，有气孔。表皮是由一层排列紧密的细胞组成的。下表皮细胞之间有很多成对的半月形的

78

保卫细胞，里面含叶绿体，能够进行光合作用。另外，在保卫细胞中间有着被称为"气孔"的小孔，空气和水蒸气通过气孔排出。

● **叶肉**：上下表皮之间的组织为叶肉，叶肉细胞充满了叶绿体，所以大多呈现绿色。

● **叶脉**：将茎部的维管束与叶片连接，包括导管和筛管两部分，是物质传输的通道。

◆ ◆ 叶片的功能

植物的叶片具有能够利用阳光在叶绿体中生产淀粉等营养物质的光合作用、将植物体内的水分通过气孔以水蒸气形式散发的蒸腾作用以及吸收氧气排出二氧化碳的呼吸作用等。

蒸腾作用

通过叶片表面的气孔将水分以水蒸气的形态散发出来的现象。

保护细胞调节气孔的开合。一般来说，气孔白天张开，夜晚关闭。

蒸腾作用在阳光强烈、气温较高、有风且湿度低的环境下更加活跃。植物体通过蒸腾作用向上输送水分，调节体温与体内的水分量。

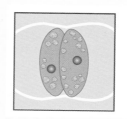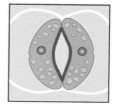

由保卫细胞关闭的气孔（左图，夜晚）
由保卫细胞打开的气孔（右图，白天）

关于叶片的叙述型问题

 下图为植物叶片中的保卫细胞，保卫细胞白天张开，夜间闭合。这些存在于植物中的保卫细胞并没有肌肉，为什么能够调节开合呢？

保卫细胞中间形成气孔的部位细胞壁较厚，而外侧细胞壁薄。白天，保护细胞进行光合作用生成葡萄糖，细胞浓度增大。这时，渗透现象使水分从周围细胞进入保卫细胞，外壁紧绷、扩大，气孔张开。而夜间则与之相反，气孔关闭。

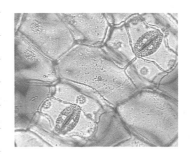

 到了冬天，大部分阔叶树的树叶都会凋谢，显得十分凄凉。请说明这一现象的原因。

气温降低时，叶绿素遭到破坏，光合作用减少，再加上冬季大地冰冻，植物根部无法吸收水分。阔叶树叶片宽大，通过蒸腾作用向空气中散发的水分量较多。因此，如果冬季树木仍留有叶片，便会继续由蒸腾作用减少含水量，对植物体造成致命的打击。所以到了冬季，树木的叶片会全部凋谢。

▶▶ 花和果实

花和果实有什么作用

　　植物为什么会开花结果？难道只是为了展示自己的美丽或是为动物制造食物吗？答案是否定的。开花是为了吸引昆虫为其传粉，果实则是为了引诱动物为其传播种子。

假设 没有花和果实，植物将如何繁衍后代呢？

生活中的生物故事 1

植物为什么要开花

　　每年一到春天，韩国庆尚南道的镇海、首尔的汝矣岛等许多地区都会出现人山人海观赏樱花的情景。

美丽的樱花树

　　花朵由于外形美观、香气宜人，而常被用作家庭装饰或商品的设计素材。另外，花也是送给所爱之人的代表性礼物。

　　除了这些功能之外，花朵还有一项不可或缺的重要作用——担负种子植物（有花和果实等生殖器官，以

种子繁殖的植物）的有性生殖（雌雄两个个体结合而产出新生命的生殖方式）器官。

也就是说，花具有产生种子、传播后代的重要作用。观赏樱花时如果仔细观察一下，我们便会发现花中存在着许多不同的结构。

一朵花是由花托、萼片、花瓣、花冠、雄蕊和雌蕊等组成的。花冠保护在植物生殖过程中有着重要功能的雄蕊和雌蕊，并吸引动物的视线，使其帮助自己传粉（传粉发生在种子植物中，指将雄蕊花粉粒传到雌蕊柱头上的过程，一般通过昆虫、风或飞鸟的帮助实现。传粉分为在同一朵花上进行的"自花传粉"和在不同朵花上进行的"异花传粉"两种）。雄蕊里面有花粉，雌蕊下部的子房里有胚珠。

大部分植物在同一朵花内同时存在雄蕊和雌蕊，如水稻和棉花。也有只有雄蕊或只有雌蕊的花。既没有雌蕊也没有雄蕊的花也存在，如矢车菊。

植物为什么会结果实

　　我们可以吃的有大米做成的米饭和用黄瓜、南瓜等烹调的菜肴，还有西瓜或鲜桃之类的水果等很多食物。中医中使用大枣等多种果实入药；棉花则被缝制成衣物。这些都是植物的果实，由此可见，植物的果实对于我们的生活有多么重要。

　　那么，只用种子便能繁殖后代的植物为什么还要结出果实呢？这是因为植物无法亲自传播种子。植物只有将种子传播到远处才能够扩张种族的栖息地。也就是说，动物吃掉了含有种子的果实之后在各地活动，然后将种子排泄出来。这样的话，种子便可以随着动物的移动而散播到远处。这就是为什么当我们食用西瓜或甜瓜后，常常会在大便中发现它们的种子。

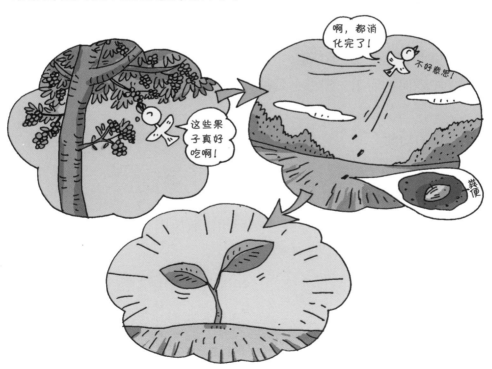

植物的生殖器官——花 果实 种子

◆ ◆ 花是由什么构成的

前面已经说过了，植物的花由花托、萼片、花瓣、雌蕊和雄蕊组成。雌蕊由柱头、花柱、子房三部分组成，柱头具有一定黏度，便于花粉的附着；子房中含有胚珠。雄蕊由花药和花丝构成，花药中有花粉

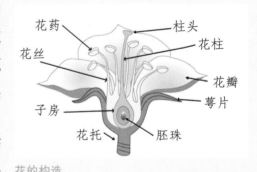

花的构造

囊，里面包含无数的花粉。花冠由若干花瓣组成，包裹着雌蕊和雄蕊，起到保护作用，另外，其鲜艳的色泽能够帮助吸引昆虫。

花的功能

花作为种子植物的生殖器官，通过种子进行繁殖。若想产生种子，必须经过"传粉"和"受精"的过程。

● 传粉：花药成熟后会自然裂开，散放出花粉。花粉从花药落到雌蕊柱头上的过程称为传粉。

● 受精：传粉过程完成后，花粉萌发出花粉管，与花内胚珠进行受精。

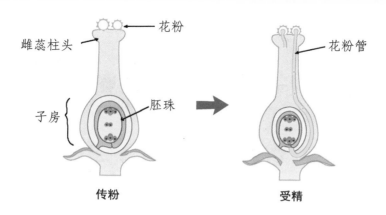

植物的传粉、受精过程

◆ ◆ 果实和种子是由什么构成的

受精过程完成后，花瓣、雄蕊和花柱都完成了使命。子房继续发育，最终成为果实，子房壁发育成果皮，子房里面的胚珠发育成种子。

下面，让我们来了解一下果实的相关知识。果实分为两种：真果和假果。西红柿、李子、桃子等多数植物的果实只由子房发育而来，叫做真果。而像苹果、黄瓜、无花果等果实，则是由花萼、花托或花被等其他部分发育成熟的果实称为假果。下页图片为果实的断面解剖图，从中可以清晰地看出真果与假果的区别。

真果（西红柿）

子房	子房	外果皮
胚珠	种子	中果皮
花萼	花萼	内果皮

子房	子房	外果皮
胚珠	种子	中果皮
花托	花被	内果皮

假果（苹果）

果实的断面结构图

现在，我们再来了解一下种子。种子由种皮、胚乳、胚三部分构成。种子外面被种皮包裹。胚将会发育成植株的各个部分。胚乳为种子生长提供必要养分。

对于西红柿树或苹果树来说，种子内含有胚乳，但并不是所有的植物均有胚乳。豌豆等"豆科植物"的种子内含有两片子叶，替代了胚乳的作用。

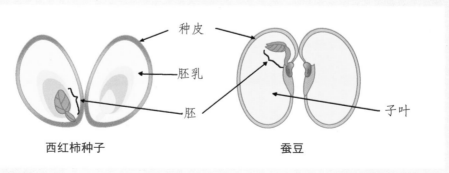

种皮

胚乳

胚

子叶

西红柿种子   蚕豆

种子的结构

关于花和果实的叙述型问题

 位于韩国庆尚北道南部的清道郡以无核西红柿而闻名。请分析一下西红柿无核的原因。

西红柿可以区分单独的雄花和雌花。雄花的花粉需要通过风吹向雌花而完成传粉,继而结出果实。但神奇的是,清道郡的西红柿全部开雌花,并没有雄花。

因此,由于清道郡内只聚集着开满雌花的雌树,不能够完成传粉,自然也就不会长出种子。不过,如果将清道郡的西红柿移栽到其他地区,与当地的西红柿混栽,便可以生长出种子。这是因为其他西红柿的雄花花粉会随风飘来,使其完成受精。

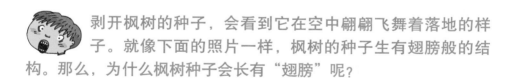 剥开枫树的种子,会看到它在空中翩翩飞舞着落地的样子。就像下面的照片一样,枫树的种子生有翅膀般的结构。那么,为什么枫树种子会长有"翅膀"呢?

枫树种子长有"翅膀"的原因是为了将种子送到更远的地方,寻找适宜的生活环境。这是植物适应自然环境的结果。为了能够使种子被风吹送至更远的地方,植物演变出了翅膀模样的结构。

87

第四章

刺激的感觉与传递

★刺激的感觉（视觉 听觉）　　眼睛和耳朵会起到什么作用

★刺激的感觉（嗅觉 味觉 触觉）　　鼻子、舌头和皮肤是如何感受刺激的

★刺激的传递和神经系统　　神经系统是如何传递刺激的

左方来球　　视觉刺激 → 对大脑、脊髓产生刺激 → 向运动器官下达命令

▶▶ 刺激的感觉（视觉 听觉）

眼睛和耳朵会起到什么作用

　　大家听说过盲文吗？盲文是在厚厚的纸上以一定的排列方式扎出突起的小点，使得盲人可以通过手指的触摸进行阅读的文字。当一种感觉无法正常发挥作用时，另外的感觉总会更加敏锐。

假设　身处伸手不见五指的黑暗洞窟，我们将会用手触摸着洞窟，并竖起耳朵仔细倾听周围的声音。

生活中的生物故事 1

眼睛是怎样看到物体的

　　位于韩国清北道忠州市的圣心学校是一所聋哑人学校，该校的棒球队闻名全韩国。在棒球运动中，看到棒球运动的同时倾听击球员的击球声音尤为重要。运动必须综合利用五感（视觉、听觉、嗅觉、味觉、触觉）才可以有高效率。从这点来说，圣心学校的棒球队面临着比常人更大的困难，但这些棒球队员们克服了听觉障碍，最大限度

圣心学校的棒球队员们

地发挥视觉的功效，用他们顽强的运动精神给人们带来了深深的感动。

不仅仅在棒球运动中，我们对于日常的环境均会进行恰当的反应。引起这种反应的正是"刺激"。我们体内有着能够独立接收外部刺激的发达的感觉器官。我们用鼻子嗅闻气味，用耳朵倾听声音，用手指触摸物体，用眼睛观察事物，从而了解我们生活的世界。其中，眼睛接收到的信息约占70%，这比鼻子、耳朵、手等感觉器官接收信息的总和还要多。

那么，我们的眼睛是如何观察事物的呢？眼睛常常被比喻成照相机。晶状体对应照相机的镜头，视网膜对应胶片，虹膜对应光圈，脉络膜对应暗室。眼睛看到物体的过程如下所示：

光线通过晶状体进入眼部，在视网膜上方呈现物体的像。这时，视网膜上的视细胞（感受光线刺激的感觉细胞）产生兴奋，并将兴奋通过视细胞传导至大脑，从而看到物体的像。

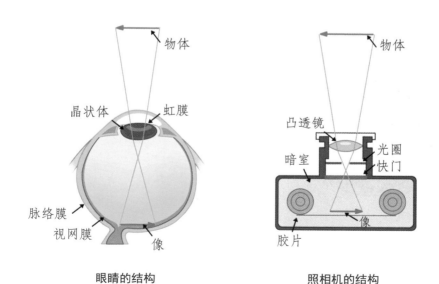

人眼与照相机的结构比较

原地转圈再停住时为什么会感到头晕

同学们在游乐园中坐过一种大茶杯模样的游乐设施吗？乘坐这种快速旋转的游乐设施后回到地面，通常会失去身体重心而东倒西歪，感觉天旋地转，好像仍坐在游乐设施中一样。同样，在原地不停地快速旋转再突然停住后，也会因头晕而无法立于原地。这是由我们耳内用来维持身体平衡的半规管造成的。原地转圈或者乘坐高速旋转的游乐设施时，身体突然停止旋转，但半规管中的液体仍处在旋转过程中，不会及时停下来，便会感觉眩晕。

存在于内耳的前庭与半规管能够感知平衡感觉以及身体的倾斜及旋转。如果身体倾斜，前庭中的"耳石"会一同移动；如果身体旋转，半规管中的液体会一同旋转。各个器官的感觉细胞感受到这种移动的刺激，将感觉传导至大脑，从而帮助身体恢复平衡。

我们身体的感觉器官——眼睛 耳朵

◆ ◆ 刺激与反应

人类生活在外部多样环境的影响之下，这种外部环境的变化被称为"刺激"。光线、声音、气味、味道、温度、接触等都能够产生刺激，人类为了接收这些外部刺激，形成了发达的感觉器官。

◆ ◆ 人类的眼睛是什么样子的

下图是我们眼睛的结构图。

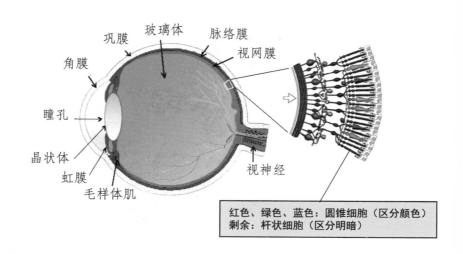

红色、绿色、蓝色：圆锥细胞（区分颜色）
剩余：杆状细胞（区分明暗）

- 巩膜：白色、坚固，保护眼球的内部结构。
- 角膜：无色透明薄膜，可以透过光线。
- 脉络膜：内含黑色素，起到与照相机暗室相同的作用。
- 视网膜：含有许多对光线敏感的细胞，能感受光的刺激。
- 晶状体：透明，有弹性，像凸透镜，能折射光线。
- 虹膜：含色素的环形薄膜，中央的小孔叫瞳孔。
- 毛样体肌：能够改变晶状体的厚度。
- 玻璃体：充满眼睛内部的透明胶状物质。

◆ ◆ 瞳孔与晶状体的调节

一般来说，进入人眼的光线亮度取决于瞳孔的大小，而瞳孔大小由虹膜来调节。在明亮的地方，瞳孔缩小，进入眼睛的光线减弱；在黑暗的地方，瞳孔扩张，进入眼睛的光线增强。

晶状体的厚度取决于眼睛与所看物体距离的远近。当观察远处

事物时晶状体变薄，而当观察近处事物时晶状体变厚。如果晶状体的厚度不能正常调节，眼睛便会出现异常。

◆ ◆ 人类的耳朵是什么样子的

如下图所示，人类的耳朵由外耳、中耳、内耳三部分构成。

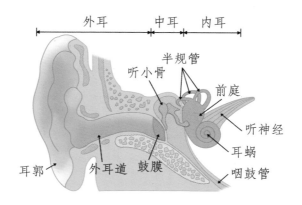

耳的基本结构

● 耳郭：具有聚集和反射声波的作用。

● 外耳道：声波经过的通道，生有许多细小绒毛，用来阻挡灰尘或异物。

● 鼓膜：由传入的声波引起震动的薄膜。

● 听小骨：扩大鼓膜的振动，将其导入内耳。

● 耳蜗：蜗牛状的管道，内有感受声音的听觉细胞。

● 前庭和半规管：能感受头部位置变动的情况，与维持身体平衡有关。

◆ ◆ 耳朵的作用

声音进入耳朵会引起鼓膜的振动。这种振动经过听小骨传至耳蜗。耳蜗下部存在着能够感受声音的听觉细胞。听觉细胞表面长有许多纤毛，向耳蜗中的淋巴液伸展。声音的震动引发淋巴液的移动，同时纤毛摇晃，刺激听觉细胞，从而感受到声音。听觉细胞接收的刺激由听神经传递至大脑，对声音所代表的信息进行判断。

另外，人类的耳朵能够感受到平衡的感觉。重力刺激产生的感觉由内耳的前庭和半规管负责。平衡感与其他感觉不同，刺激将会传送至小脑，小脑对身体的平衡进行调节。

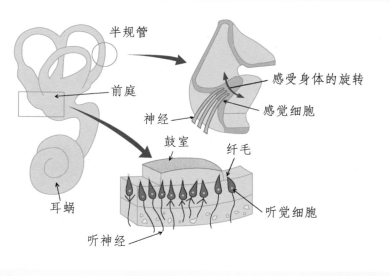

前庭和半规管

关于视觉和听觉的叙述型问题

 色盲是指无法区分颜色的疾病，大部分患者为先天性色盲。驾照考试或入伍体检时都会进行色盲检查。那么，到底哪个部位的异常会导致色盲症状的发生呢？

色盲是由人眼的视网膜、脉络膜或视神经等发生异常引起的，常带有遗传性。红、绿、蓝都不能辨认的是"全色盲"；不能辨别绿色的是"绿色盲"；不能辨认红颜色的是"红色盲"。

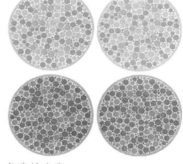

色盲检查表

当飞机起飞、着陆或者乘坐电梯上下的时候，耳内会出现闭塞的感觉。请说明产生这种现象的原因。

这是由中耳和外耳的气压差引起的鼓膜外鼓现象，严重时会出现听力减退的症状。此时，可以通过吞咽唾液、打呵欠等方法缓解。因为这样做会使空气通过连接着咽喉和中耳的耳咽管进入到中耳，促进耳内外压强的平衡，帮助鼓膜恢复到原有的状态。

▶▶ 刺激的感觉（嗅觉 味觉 触觉）

鼻子、舌头和皮肤是如何感受刺激的

气味在感受食物味道时分担着一定的作用。堵塞住鼻子进食的话，就无法体会到食物的细致味道。

假设

将辣椒粉涂抹在皮肤上，所感到的火辣感觉并不是触觉或味觉，而是痛觉。

生活中的生物故事 1
感冒的时候为什么感觉不出味道

不仅在冬天，一到季节更替的时候，经常会有位不速之客找上门来，这就是感冒。患感冒时，通常会出现咳嗽、流鼻涕、头痛、咽喉痛等多种症状。鼻子堵塞也是其中一项，它使得人们无法正常嗅闻气味，就连吃饭也享受不到美味。

那么，为什么鼻子堵塞会影响到味觉的正常感受呢？这是因为感受气味的中枢与品尝味道的中枢位于相同的大脑区域。下面，我们就来了解一下鼻子和舌头的感觉功能。

鼻腔顶部分布着用来感受气味的嗅觉细胞。空气中含有许多气体状态的气味物体，它们经过鼻腔时会刺激嗅觉细胞，使其产生兴奋。这种兴奋通过神经传导至大脑，从而使人感受到气味。

　　舌头表面紧密分布着许多细小的凸起，凸起处边缘有大量用来感觉味道的味觉细胞——味蕾。进入口腔的食物与唾液相混合，刺激味蕾，通过关联的神经将刺激传导至大脑。食物的味道必须通过大脑对味觉和嗅觉的综合感受而得来，事实上，在感受食物味道时，2/3 以上是通过嗅觉来感知的。所以，当出现流鼻涕的症状时，鼻涕会阻碍气态气味物质的传递，使得气味无法正常传递至嗅觉细胞，导致感受气味过程出现困难。大脑只能接收到味觉的刺激，因此不能正确地反映出食物的味道。

 生活中的生物故事 2

在过于寒冷的情况下为什么会感觉疼痛

　　夏季傍晚，徐徐吹来的微风为酷热难耐的人们带来了凉爽。皮肤感觉系统发达的动物们能够通过风吹来的方向或湿度、温度等预

测天气的变化。

　　那么，动物们是如何利用皮肤来感知风的方向的呢？皮肤上的汗毛会根据皮肤周边空气的流向而动，刺激皮肤中的感觉点，从而感知风的方向。皮肤的真皮中分布着感知寒冷的冷点、感知温热的温点、感知疼痛的痛点、感知按压的压点以及感知接触的触点。各个感觉点会对相应的刺激产生兴奋，兴奋通过神经传导至大脑，对皮肤接触的物体或皮肤周围环境的变化进行复杂的综合性感知。

　　各个身体部位分布的感觉点数量均有所不同，总体来说，痛点的数量要远远多于温点或冷点。另外，不论受到任何的刺激，但凡超出身体所能承受的刺激都被当做有害刺激而产生疼痛。因此，当触碰到滚烫的开水或极凉的冰时，我们的身体并不会感觉热或凉，而直接反应为疼痛。

我们身体的感觉器官
——鼻子 舌头 皮肤

◆ ◆ 人类的鼻子是什么样子的

鼻子是产生嗅觉的器官，鼻子有两个鼻孔，鼻孔后面是鼻腔，鼻子的嗅觉中枢藏在鼻腔内。鼻腔顶部都分别有一个嗅觉区，嗅觉区布满了对气味敏感的嗅觉细胞。

嗅觉是人体最为敏锐的感觉，同时也是最容易感觉到疲劳的器官。

如果遇到相同的气味持续地刺激，我们很快便感觉不到这种气味了。

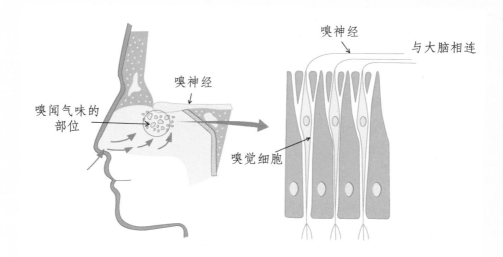

鼻子的构造与嗅觉细胞

◆ ◆ 人类的舌头是什么样子的

舌头是用来感受味觉的器官，由舌乳头、味蕾、味觉细胞构成。舌乳头是位于舌头表面的米粒状凸起，上面有能够感受味觉的味蕾。味蕾由感受味觉的味觉细胞和支撑它的支持细胞构成。味觉细胞与味觉神经相连，味觉神经通向大脑。

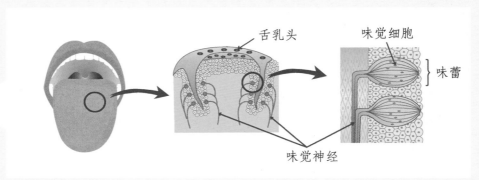

舌头的结构与味觉细胞

人类的舌头可以感受到苦、甜、酸、咸四种基本味觉，但根据位置的不同，感受到的味觉会有很大差异。苦味的感知部位在舌根部，甜味在舌尖，酸味在舌头两侧，而咸味则是在舌头前端的两侧。

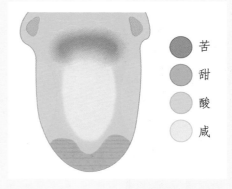

◆ ◆ 人类的皮肤是什么样子的

皮肤能够接收外部的机械刺激或温度刺激，起到保护身体生物化学功能的作用。皮肤由表皮、真皮和皮下组织组成。

表皮是位于皮肤表面的浅层结构，用来保护不受损伤，能够防止水分蒸发，张开毛孔以排出汗液。

相反，位于表皮下方的真皮能够进行物质代谢，痛点、压点、冷点、温点等感觉点以及毛细血管、神经、汗腺均分布于真皮层内。在手指尖、嘴唇、颈部等敏感部位，感觉点分布非常广泛，因此，皮肤能够感受到热、冷、触、痛等刺激。

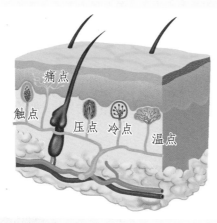

皮肤的结构与感觉点

皮下组织是位于真皮下面的结缔组织，具有保暖和缓冲机械压力的作用。皮下组织的厚度因个体、年龄、性别和部位的不同存在较大的差别。其中，腹部皮下组织中脂肪丰富，厚度可达 3 cm 以上。

关于鼻子、舌头和皮肤的叙述型问题

我们的舌头能够感觉到4种基本的味觉，但香味、油腻、辣味、麻辣、苦涩等多样的味道又是如何感觉出来的呢？

食物的味道不仅仅依靠味觉，还会通过大脑接收到的其他感觉刺激来综合感觉。香喷喷的味道和油腻感是味觉加上嗅觉刺激在大脑中的反应结果，如果堵上鼻子便很难体会到这些味道。麻、辣、苦涩则是食物中的化学物质在口腔内产生的皮肤感觉，特别是由痛点或压点感受到的感觉。

盲文是方便盲人阅读，由突出的小点组成的文字。那么，盲人能够阅读盲文的原因是什么呢？

盲人失去了视觉，但他们的触觉以及其他感觉会比正常人更加发达。盲人利用手指末端的皮肤感觉进行阅读。手指的压点感受到刺激，将其传达至大脑，然后在头脑中反映出相应的文字，从而完成阅读。

神经系统是如何传递刺激的

当受到刺激时，我们的身体通过怎样的传导过程在大脑中产生反应，又是如何对这些状况进行处理的呢？其实，这些刺激通过神经元传导，接受刺激的脑部又通过运动神经元反映给运动器官，下达应对命令。

假设 我们身体内的感觉神经受到损伤，那么触摸脚心也不会感觉到痒吗？

生活中的生物故事 1

守门员的身体内发生了什么

当足球比赛进行完上下半场和加时赛后仍不分胜负时，便会开始点球大战。点球大战的紧张程度足以让人掌心出汗。观众高声呐喊助威，既为射门的选手也为防守的守门员。点球大战中，守门员近乎本能的防守，左右着比赛的胜负。为了扑到足球，守门员的体内会发生什么样的变化呢？在此之前，我们先来简单了解一下体内产

迅速扑球的守门员

左方来球　视觉刺激 → 对大脑、脊髓产生刺激 → 向运动器官下达命令

生的刺激传导过程以及负责传导的神经系统。

　　我们体内的神经系统由细长的神经元构成。从各个器官接收到的刺激传达至脑部，再将脑部的命令向运动器官传导，做出反应。

　　根据其功能不同，神经元分为感觉神经元、运动神经元和连接神经元等，这些神经元分别构成了感觉神经、运动神经和连接神经。

　　下面，我们就来对点球大战中守门员的体内变化进行分析。首先，对方球员的射门对守门员产生视觉刺激 通过感觉神经传导至大脑，大脑中的连接神经利用刺激判断射门的方向和高度等数据，然后对腿部和手部的运动神经下达命令，使身体迅速移动，以扑住来球。在守门员近乎本能的扑球过程中，他的体内发生了这样的神经系统反应。

脑死亡和植物人有什么区别

在电影和电视剧中，我们常常能够看到患者被诊断为脑死亡的场景。医生劝导家属做好心理准备，而家人们则痛哭流涕地反复询问病人有没有醒来的可能性。这时，医生便会告诉家人，植物人与脑死亡是两个完全不同的概念。那么，脑死亡和植物人到底有什么不同呢？医生为什么要患者家属做好心理准备呢？

想要区分脑死亡和植物人，首先需要了解一下人类的脑。

脑是人体的控制中枢，位于颅腔内。大脑是精神活动的中枢，表面具有许多皱褶沟回。脑有 12 对脑神经，它们向全身各个器官和组织发送信息并收集信息。

脑主要由大脑、小脑、脑干和间脑四部分组成。在脑的外围有脑脊液、脑膜和头骨在保护着脑。

　　大脑是脑的最大结构，由两个大脑半球组成，左大脑半球掌管语言能力，右大脑半球则控制音感、大部分的感觉和语言以外的视觉分析。小脑参与协调平衡和调节肌肉活动，使我们能够协调运动。脑干俗称"生命中枢"，是连接脑与脊髓的细长部分，能控制听觉反射和视觉反射等。间脑负责调节体温，还能辨别痛觉和温度觉的性质和压力觉。

　　处于脑死亡状态的患者已经丧失了包括大脑在内的整个脑部的功能，无法自行进行心脏搏动和呼吸，只能靠外部的医学设备维持生命。这样的患者会在数周之内死亡。

　　相反，植物人一般是由于大脑皮质受到损伤而造成感觉缺失、无法运动，但维持生命所必需的间脑、中脑等其他部位还能够正常活动。因此，只要提供适当的营养，植物人便能够维持生命，也有植物人恢复正常的事例。

我们身体中的神经系统

◆ ◆ 人体的神经系统是什么样子的

神经系统能够将感觉器官接收到的刺激传导至大脑或脊髓，然后向运动器官下达恰当的命令，来调节身体各部分的机能。

神经元的结构

如下图所示，神经元又叫神经细胞，是构成神经系统结构和功能的基本单位。

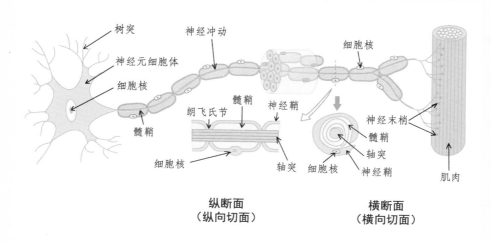

神经元的构造

● **神经元细胞体**：星星状细胞，由细胞核和细胞质组成，表面有许多凸起。

● 树突：数量多，长度短，与其他神经元相连接，用于接受刺激。刺激由树突传导至轴突。

● 轴突：将刺激传导至其他神经元或反应器。

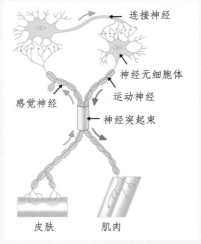

神经元连结

神经元的种类及功能

根据功能的不同，神经元分为从感觉器官接受刺激传向中枢神经（脑部、脊髓）的感觉神经元、将中枢神经的命令传向反应器官（肌肉、分泌腺）的运动神经元，以及连接感觉神经元和运动神经元的连接神经元。

◆ ◆ **人类的脑部是什么样子的**

脑部作为人体内最重要的中枢神经系统，具有如下功能：

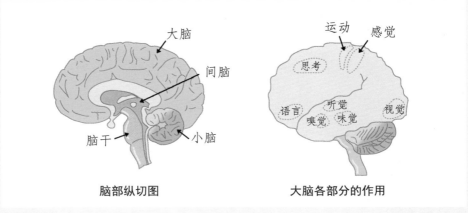

脑部纵切图   大脑各部分的作用

脑部结构

● **大脑**：分为左右两半球（**左脑、右脑**），负责思考、判断、推理、记忆、计算、语言等高等精神工作，并能够向肌肉下达命令。

● **小脑**：位于大脑后下方，用于维持身体平衡，调节肌肉运动。

● **间脑**：调节体温与物质代谢。

● **中脑**：调节运动者的运动及虹膜的作用。

● **延髓**：调节与呼吸、循环、排泄等生命维持有关的主要内脏的功能，到调节唾液和眼泪的分泌、打喷嚏等无意识运动的作用。

◆ ◆ 脊髓的功能

脊髓呈圆柱状，存在于脊柱内部。脊髓有 31 对脊髓神经向左右伸展，分布于身体的骨骼、血管、肌肉、内脏、皮肤等处。

向身体各处伸展的脊髓能够将感觉神经的刺激传导至脑部，再将脑部的命令传达至运动神经。同时，脊髓还担负着乳汁分泌、汗液分泌、排便、排尿、膝跳反射等非条件反射的进行。

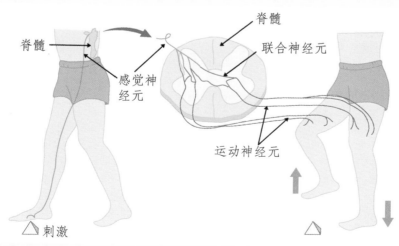

脊髓反射的途径

111

关于刺激传导和神经系统的叙述型问题

 在牙医诊所接受治疗时，实施了麻醉的部位在治疗时不会感觉到疼痛。请说明麻醉使人感觉不到疼痛的原因。

皮肤中存在着无数的痛点，所以若在治疗过程中不进行麻醉，便会感受到强烈的疼痛。麻醉药物主要通过切断神经细胞的刺激传导来实现麻醉效果。这样一来，感觉器官接收的刺激无法传至大脑，因而才感觉不到疼痛。

 动物的感觉器官主要集中在头部，这是什么原因呢？

动物的移动方向一般朝向前方，所以前方身体能够感受到更多的外部刺激。因此，由神经元构成的神经细胞主要聚集在身体前部，组成感觉细胞。这样一来，动物在旋转时不会产生不便，并且能够迅速了解食物的位置。慢慢地，聚集在前方的神经细胞渐渐发展，进化出眼睛、耳朵、触角和脑。

第五章

生殖与出生

★体细胞分裂　　细胞是如何增长的

★染色体与减数分裂　　生殖细胞为什么要进行减数分裂

★无性生殖　　不分两性也可以完成生殖吗

★有性生殖　　能够区分两性的生物如何生殖

★人类的妊娠和出生　　妊娠和出生是怎样进行的

▶▶ 体细胞分裂

细胞是如何增长的

我们的身体之所以能够生长，是依靠体细胞的分裂。植物一生都能进行体细胞分裂，持续生长，但动物到达了一定程度便会停止生长。

假设 存在通过体细胞分裂进行生长、繁殖的动物，那会是哪些动物呢？让我们一起来学习相关内容，解答这一问题吧。

生活中的生物故事 1

为什么海星被剪掉触腕还能生存

海星生活在海洋中，外形呈星星状。海星能够将牡蛎、蛤蚌等贝类动物全部吃掉，因此从事养殖业的渔民常常因为海星而蒙受巨大的损失。海星身体的一部分即使被割断，其他部位仍然能够利用再生能力，重新生长为完整的个体，因此很难全部消除。那么，在海星被割断的身体

具有超强再生能力的海星

内，究竟发生了什么呢？

一般来说，有些生物体当一部分受到损伤时，该处角质或器官会复原到原来的状态，这种现象就叫做"再生"。

身体结构越简单，系统进化越不发达的生物，再生能力越强。蚯蚓也具有再生能力，蜥蜴尾巴、螃蟹、虾、鳘鱼类的鱼鳍等也可观察到再生现象。海星具有超强的细胞再生能力，当被切断成许多块儿时，这些块儿又能分别生长为完整的海星。

再生能力强是由于这些生物的体细胞分裂十分活跃。生物的生长通过体细胞分裂引起体细胞数增长而进行。体细胞数的增加对于类似海星这种缺失肢体的再生起到至关重要的作用。

如果体细胞一直不断地分裂会发生什么

　　医院里经常会有因不幸患上癌症而住院的病人。我们知道，癌症是正常细胞变为癌细胞并开始不断增殖。那么，癌细胞到底与正常细胞有什么不同之处，能够引发癌症这种可怕的疾病呢?

　　人体大约由 600 兆个细胞构成。其中，虽然也有像神经细胞或心肌细胞之类没有分裂活动的细胞，但绝大多数细胞因为具有一定的寿命限制，所以需要通过细胞分裂产生新的细胞。

　　通过细胞在一定条件下死亡或者以分裂形式增加细胞数量，我们身体的各个器官得以始终以相同的细胞构成并行使其固有的功能。

　　正常细胞在分裂和增殖时，会与周围细胞协调一致，维持恰当

的细胞数量。但如果正常细胞在某种诱因下变为癌细胞，那么本来应代替死亡细胞的新细胞则无法正常交替，细胞还会失去原有的功能，持续分裂。癌细胞不接受任何调节，分裂特别快，并且可以不断分裂。癌细胞还可侵入邻近的正常组织，并通过血液、淋巴等进入其他组织和器官，我们称之为"癌细胞转移"。

关于癌症现在并没有明确的定论，但通常认为癌细胞的产生主要是由病毒、药物、吸烟、饮酒、放射线、遗传因素以及物理刺激等致癌物质引发的细胞遗传物质变异（*形状和性质的变异*）导致的。癌细胞一旦出现便会不断生长，即使实施手术也极易复发或转移，治疗起来十分困难。因此，为了预防癌症，大家一定要养成良好的生活习惯。

使得我们身体生长的体细胞分裂

◆◆ 植物和动物的体细胞是如何分裂的

所有生物的身体均由细胞组成，其中大多数多细胞生物的体型大小取决于细胞的个数。因此，生物体为了增大体积，必须进行体细胞（构成身体的细胞）分裂。

◆◆ 植物的生长

植物存活的一生期间会不断进行体细胞的分裂。因此，植物直至死亡都会一直生长。但植物中产生体细胞的部位恒定，即茎部、根部末端和形成层。

纵向生长

位于植物根部和茎部末端的生长点，通过细胞分裂使植物伸长。生长点（植物茎部和根部末端是细胞增殖活动旺盛的部位，绝大多数植物在生存过程中都会通过生长点的细胞分裂进行纵向伸长）能够促使细胞分裂的进行，使细胞数量激增。如果减掉茎部或根部末端，生长点也会一同缺失，导致植物不能继续生长。

横向生长

位于茎部或根部的形成层，能够通过体细胞分裂完成植物体积的增长。形成层仅存在于苹果树、银杏树等双子叶植物中，大麦、水稻等单子叶植物由于没有形成层而无法进行横向生长。因此，树木在通常情况下均拥有粗壮的树干，但大麦、水稻的茎部却较细。

◆◆ 动物的生长

植物一生都在生长，但动物却不同。动物只在一定时期内生长或停止生长。幼时生长缓慢，之后的某一时期内突然快速生长，达到一定程度后又会停止生长。之后当再次进入稳定期时，由于废物积累、细胞物质代谢能力减退等原因，生长出现停滞现象，从而绘制出"S形生长曲线"。

与之相反，像昆虫类或甲壳类动物等生长过程中出现变异（**在有些动物发育的某个极短的时期内，其形态和构造上会经历阶段性的剧烈变化。变异现象在昆虫中较为普遍**）或蜕皮现象的动物，体外有坚硬的外骨骼包裹，所以只在变异或蜕皮时才会生长。变异或蜕皮过程反复进行，便会出现坐标图中所示的阶梯状生长曲线。

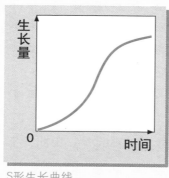

S形生长曲线

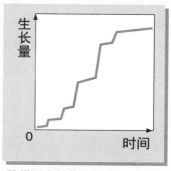

阶梯形生长曲线

119

关于体细胞分裂的叙述型问题

 为什么我们常常使用洋葱根部细胞进行体细胞分裂的观察实验？

植物的根部末端存在着生长点。生长点作为植物分裂组织之一，负责细胞分裂的进行。根部生长点因为没有妨碍观察的叶绿素，所以比其他部位更容易观察到清晰的体细胞分裂情况。另外，洋葱是日常生活中很容易获取的植物，并且与其他植物相比，洋葱的染色体体积较大，因此观察细胞分裂更加方便。

 如果头部受损导致部分脑细胞死亡，那么脑部功能会不会受到影响呢？

脑部由神经细胞组成，神经细胞不能发生细胞分裂。因此，如果脑部细胞在外部冲击下死亡，那么将没有新的替代细胞生成。当人的年龄达到 20 岁之后，每天会有 10 万个脑细胞自然死亡，但即使这样，人在一生中能够用到的脑细胞也只是极少的一部分。所以，脑细胞死亡并不一定意味着脑部功能受到损伤。

我们的脑部受到头盖骨的保护，由脑脊髓液对外部冲击进行应对。但倘若冲击损伤到脑部神经或组织，那么脑部功能便会受到影响，导致语言能力或运动能力出现异常。因此，应尽量避免头部受到撞击。

▶▶ 染色体与减数分裂

生殖细胞为什么要进行减数分裂

就像名称中表现的一样，减数分裂是指进行有性生殖的生物，在产生成熟生殖细胞时进行的染色体数目减半的细胞分裂。父母的生殖细胞分别发生分裂，然后再合为一个细胞，这个细胞中含有父母双方的遗传基因，同学们便由此出生。

假设 生殖细胞不进行减数分裂，那么会发生什么事情呢？让我们一起来学习相关内容，解答这一问题吧。

生活中的生物故事 1

为什么没有长翅膀的人

走在路上，就算使劲睁大眼睛寻找，也找不到出生时毛皮呈蓝色的狗、5条腿的猫、头上长角的马。同样，长有小鸟般翅膀的人只会出现在童话里。

那么，为什么世界上没有毛皮呈蓝色的狗、5条腿的猫、头上长角的马或者长翅膀的人呢？

因为在最开始物种形成的时候便没有演变出毛皮呈蓝色的狗、5条腿的猫、头上长角的马以及长翅膀的人。有句俗语说道，"人生人，狗生狗"，由于所有生物均具有包含各自特征的遗传物质，所

这是所有的生殖细胞都正常进行减数分裂的结果。

以才有了这种可能。

担负着蓝图作用的遗传基因位于生物细胞中央细胞核中的染色体内。染色体中含有各个生物特有的遗传物质——DNA，因此相同种类生物的染色体数和形状相同。由此可见，一个细胞的染色体数与形状是区分各物种的重要特征。

人类的染色体数量是 46 条，其中 23 条来自母亲，23 条来自父亲。其中包括 44 对常染色体和 2 条性染色体。

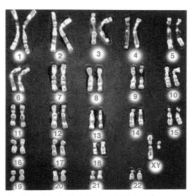

44条常染色体及2条性染色体

从性染色体的情况来看，图中所显示的为男性的染色体。

X 染色体和 Y 染色体决定了人类的性别，所以被称为"性染色体"。男子细胞中的性染色体，一条是 X，一条是 Y，即 XY 型；女子细胞的性染色体都是 X，即 XX 型。

精子、卵子等生殖细胞的分裂方式与体细胞分裂方式不同。假如精子或卵子以体细胞分裂方式进行细胞分裂，将会造成很大的问题。

生物体从父母的生殖细胞内获取染色体。人类有 46 条染色体，假设生殖细胞不进行减数分裂，而是体细胞分裂的话，后代便会从父母双方处分别获得 46 条，总共 92 条染色体。照此推算，繁殖的代数越多，后代细胞内含有的染色体数就会越多。那么，以地球上生物体诞生数十亿年来计算，今天的生物也许全身都充满染色体了。

与体细胞分裂中子细胞染色体数不变不同，在生殖细胞的细胞分裂过程中，染色体数会减半，因此，生殖细胞的分裂也被称为减数分裂，意为染色体数的减半。

最终，染色体数减为体细胞一半的生殖细胞通过受精过程相结合，使得体细胞染色体数与父母的染色体数一致。

你们知道什么是减数分裂吗

◆ ◆ 减数分裂

　　当产生成熟生殖细胞时，会进行染色体数减半的分裂。这样一来，即使时代变迁，后代的染色体数仍将维持恒定。哺乳动物会以下图中所展现的方式进行分裂。一次间期（**又叫做停滞期**）之后连续两次分裂，最后，一个生殖细胞分为 4 个染色体数减半的生殖细胞。

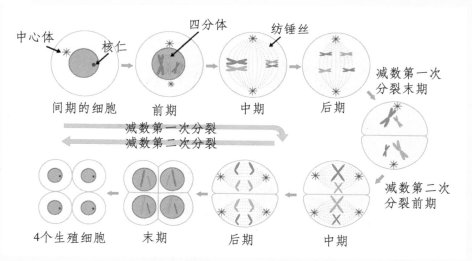

减数分裂的过程（动物细胞）

减数第一次分裂

染色体数减半。

● **前期**：核膜与核仁消失，染色丝凝集，生成染色体。同源染色体相互结合，形成四分体。

● **中期**：两极出现纺锤丝，与各个染色体的着丝点相连接。

● **后期**：分离的染色体向两极移动，染色体数减半。

● **末期**：细胞质进行分裂，生成两个子细胞。

减数第二次分裂

与体细胞分裂相同，进行染色体数不变的分裂过程。

关于染色体和减数分裂的叙述型问题

女子标枪比赛中，如果有男性选手男扮女装出战，通常会取得好成绩。为了防止这类事件的发生，奥运会等大型比赛会在赛前对所有选手进行性别确认。那么，他们是如何得知参赛选手的性别的呢？

在性别检测方法中，检测染色体不仅需要找到全部的 46 条染色体，还必须确保检验的细胞正处于细胞分裂阶段，需克服的问题较多。于是，人们一般会选择更加简便的"巴氏小体"检测法。

男性体内无法观察到巴氏小体，而女性则能够观察到一个，因此可以很容易地区分性别。巴氏小体检测只需用棉棒从口腔内蘸取少量细胞便能够进行，简便易行且准确率高。

 人体的染色体数如果出现异常会出现什么情况呢？

正常情况下，人体的染色体数应为 46 条，但有时也会出现 47 条或 48 条的情况。这种人的 X 染色体会多出 1 ~ 2 条，性染色体变为 XXY 或 XXXY。

此类症状仅仅发生在男性身上。表面症状表现在青春期过后第二性征不发育。此类患者通常个头较高，具有女性形乳房，睾丸体积小且无精子产出。

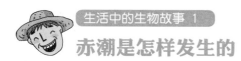

▶▶ **无性生殖**

不分两性也可以完成生殖吗

创造与自身相似个体的过程称为生殖。并不是所有的生殖都要像人类一样必须分男女两性才能繁殖后代的。

假设 人类也可以瞬间分裂完成繁殖，那么地球上将会发生什么事情呢？

生活中的生物故事 1

赤潮是怎样发生的

在阴雨过后酷热依旧的夏季，常常有报道称，某地发生了赤潮现象，导致鱼类和蛤蚌的大量死亡，渔民因此受到巨大的损失。赤潮现象指的是由于浮游生物大量繁殖，致使海水颜色变为与浮游生物体内色素一致的红色。

夏季，海水温度升高，泥土中的养分随着上游的降雨流入大海，为浮游生物的繁殖提供了优越条件。这时，浮游生物以分裂生殖方式迅速繁殖，引发赤潮。

发生赤潮的海面

　　如果发生赤潮现象，污染物质会从陆地流向海洋，有利于污染物质的快速分解。但是，海水中浮游生物数量的增加会堵塞鱼类的鳃部，导致鱼类吸氧量降低，出现呼吸困难现象，甚至死亡。

　　浮游生物能够如此快速繁殖是因为它们进行的是无性繁殖。那么，让我们进一步了解一下与生殖的相关知识吧。生物产生与自身相似的后代是生物的特性之一，这种制造新个体的过程称为"生殖"。我们通常所说的生殖一般是指雌雄个体生殖细胞相结合的有性生殖，其实，生殖还包含一种无性生殖，即无性别之分的单细胞生物或一部分动植物所进行的繁殖。

　　无性生殖包括分裂生殖、出芽生殖、孢子生殖、营养生殖等，像浮游生物一样，只要为生物提供适合无性生殖的环境，生物便会以快于有性生殖的速度繁殖后代。

迎春花如何繁殖

　　早春，看到盛开的黄灿灿的迎春花，人们常常不由自主地吟诵出诗中的章节："啊！春天到来啦！"细小可爱的黄色花瓣、细长的花枝、翠绿欲滴的叶片……在微风吹拂、阳光明媚的温暖春日，这些迎春花与季节是多么相称啊！但是，没有人见到过迎春花结出果实。不是只有结出果实才会有种子的传播吗？其实，迎春花不仅仅无法结果，也很少通过种植花种生出后代植株。当然，迎春花可以以播种的方式繁殖，但它还有另外一种生殖方式。到底是什么生殖方式呢？

代表春天的黄灿灿的迎春花

　　一些植物除了可以用种子繁殖外，还可以用根、茎、芽、叶来繁殖。像这种植物通过营养器官进行的繁殖称为"营养繁殖"，迎春花的繁殖就属于这一生殖方式。马铃薯、草莓、吊兰等的茎部繁殖，红薯的根部繁殖，以及秋海棠、狗脊蕨的叶片繁殖等，都是营养繁殖。

　　营养生殖多应用于农业和园林领域，延伸出扦插、压条、嫁接和分株等方法。

　　扦插指将植物的根、茎、叶等部分剪下，直接插入土壤中，使其生根发芽。菊花可以用扦插的方式进行繁殖。压条是将植物的枝条用泥土或其他物质包裹住，等到根长出之后，再从母株切断分殖

的繁殖法。嫁接是指把某一植物体的一部分嫁接到另一植物体上，其组织相互愈合后，培养成独立个体的繁殖方法，在果树栽培时使用较为普遍。分株是从母体上将不定芽生出的新个体连根分植的繁殖法。

营养生殖具有早开花早结果、得到尽可能完全继承母株优秀特征的植株的优点，在栽培农作物和园林植物等领域应用颇为广泛。

不需要两性的无性生殖

◆ ◆ 无性生殖的种类

扦插、嫁接等都是常见的无性生殖。无性生殖指的是生物体为了维持种族繁衍而留下与自身相似的子孙的过程。其中，没有性别区分，或者虽有性别区分却没有生殖细胞结合过程的生殖，称为无性生殖。无性生殖方法相对简单，所需时间较短，常见的有分裂生殖、出芽生殖、孢子生殖和营养生殖。

分裂生殖

分裂生殖是细胞一分为二，生成的两个细胞各自成为新个体的最简单的增殖方式。单细胞生物多以此种方式进行生殖。

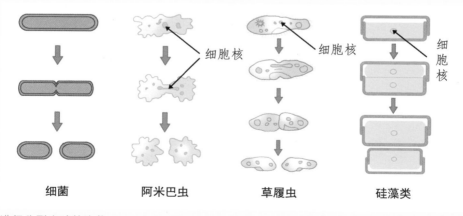

| 细菌 | 阿米巴虫 | 草履虫 | 硅藻类 |

进行分裂生殖的生物

如，细菌、阿米巴虫、草履虫、硅藻类、涡虫等。

出芽生殖

出芽生殖指生物体在一定部位上长出芽体，逐渐长大，脱离而成为独立的个体。

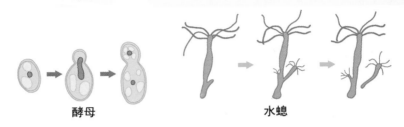

酵母　　　　　　　　**水螅**

进行出芽生殖的生物
- -
如，酵母菌、水螅、海葵、珊瑚等。

孢子生殖

生物体产生一种细胞，称"孢子"。孢子生殖指不经结合，直接形成新的个体（如各种孢子植物和孢子虫类）的生殖方式。

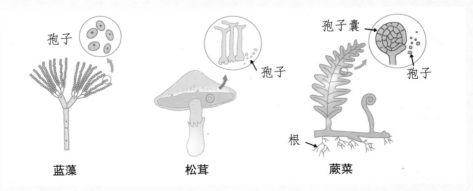

蓝藻　　　　　　**松茸**　　　　　　**蕨菜**

进行孢子生殖的生物
- -
如，生活在海洋中的藻类以及生活在陆地上的蕨菜、霉菌、苔藓、蘑菇等。

营养生殖

营养生殖指通过高等植物的营养器官（根、茎、叶）进行繁殖的生殖方式。

与通过种子进行繁殖相比，营养生殖的开花结果均较为迅速，适用于农业或园艺领域。

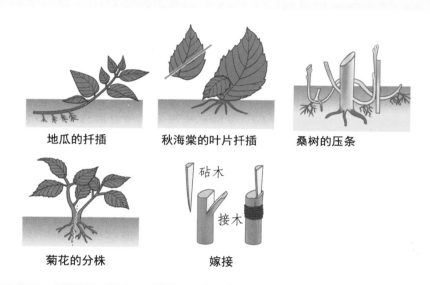

地瓜的扦插　　　　秋海棠的叶片扦插　　　　桑树的压条

菊花的分株　　　　嫁接

砧木

接木

植物的各种人工营养生殖

科学抢先看
关于无性生殖的叙述型问题

 发生赤潮现象时，人们会向大海中播撒黄土。请说明这样做的理由。

　　黄土具有吸附污染物质并沉入水底的性质。利用这种性质，向发生赤潮的海水中播撒黄土，能够将浮游生物生存所需的营养盐类吸附于黄土中并沉入海底。由此，浮游生物的繁殖受到阻碍，水中氧气浓度提升，重新恢复到适宜鱼类生存的环境。

 假设人类能够进行无性生殖，会产生哪些问题呢？

　　如果人类能够进行无性生殖，那么繁殖后代将会变得更加频繁。人们不再需要恋爱、结婚所需的费用与时间。但是，通过无性生殖来繁殖的生物由于遗传基因十分单一，所以进化速度会十分缓慢。

　　因此，如果人类进行无性生殖，对外部环境变化的适应能力将会急剧下降。例如，当感染毒性极强的新型病毒而患上致命疾病时，人体会因为适应能力的减弱而无法进行治疗，结果导致病毒蔓延，大多数人都患上相同的疾病，最终面临种族毁灭的危机。

134

下图是引发腹痛和腹泻的病原性大肠杆菌O-157菌。食用了有大肠杆菌繁殖的变质食物会引发腹痛和腹泻。请说明理由。

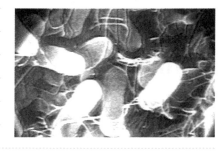

变质食物中含有许多被称为"大肠杆菌"的微生物。大肠杆菌进行分裂生殖，所以会出现数量激增的现象，分泌出大量对身体有害的化学物质。腹泻正是为了防止这些有害物质的侵害，将含有大肠杆菌且尚未消化的食物排出体外的现象。如果此时服用抑制腹泻的药物，反而会对身体更加有害。

能够区分两性的生物如何生殖

动物中有一些与人类不同，并没有两性之分。例如存在两性集中在一个个体上的低等动物。有些植物却区分两性。

假设 在区分两性的高等动物中，某个雌性个体无法与雄性相遇，那么雌性需要以何种方式进行繁殖呢？

生活中的生物故事 1

植物如何受精

蜜蜂或蝴蝶常常在花丛中翩翩起舞，这时，它们的身体上便会沾上花粉。

当塑料大棚中栽培的黄瓜等农作物开花时，人们会直接将花粉涂抹在雌蕊柱头上。

为什么这些植物需要蜜蜂、蝴蝶或人类帮助传播花粉呢？

这是因为只有花粉转移到雌蕊柱头上完成传粉，植物的受精才可以进行。传粉的方式多种多样，有的靠昆虫传粉，有的像杨树、桦木等借助风来传粉，还有的借助鸟儿来传粉，等等。

蝉为什么总是吵闹地叫个不停

在树上鸣叫的蝉

雄蝉为了交配而不停地鸣叫。

夏天里，人们总是为整日吵闹扰人的蝉而苦恼不已。蝉为什么总是不停地鸣叫呢？其实，这是雄蝉为了吸引雌蝉前来交配而发出的鸣叫，是一种求偶行为。只有雄蝉才会鸣叫，雌蝉则因没有发声器而无法鸣叫。蝉及其他类似的昆虫或动物在求偶后进行的交配全都是为了繁殖后代。

雌雄动物分别在卵巢和精巢中经过减数分裂产出卵子和精子。卵子为受精

卵的生长提供必要养分，与精子相比体积较大，无运动性。精子体积比卵子小得多，由含核的头部和具有运动性的尾部构成，能够活跃运动。

植物和动物的有性生殖

◆ ◆ 什么叫做有性生殖

有性生殖是高等生物的生殖方式，指由精细胞和卵细胞结合产生新个体的繁殖方式。这些结合而成的个体具有新的遗传基因组合，所以能够繁殖出多样的后代。最终，这些生物的后代将会更好地适应环境，利于生命的延续。大多数动物均是有性繁殖。

◆ ◆ 为什么越是高级的生物，越会利用有性生殖进行繁殖

有性生殖是利用两种性别而留下后代的繁殖方法。所以，在没有合适配对的情况下，有性生殖是无法进行的。这种生殖方式因为必须经过配对这一复杂的阶段，所以具有耗时耗力的缺点。然而，高度进化的生物仍然将有性生殖作为繁衍后代的主要方法，因为这种方法有着无法替代的优点，那就是每次有性生殖都会结合两性间不同的遗传基因，从而确保遗传的多样性。与只具有一种遗传基因的无性生殖相比，遗传的多样性使得生物可以及时适应环境的变化，并提高进化的可能性。

假设人类不进行有性生殖，而选择无性生殖方式。若 A 被"X病毒"感染而死亡，那么他通过无性生殖产生的后代由于完全继承

了 A 的遗传基因，对"X 病毒"的抵抗能力极弱，从而极有可能也因此而死亡。在这种情况下，人类这一种群将会很快灭亡。

相反，如果人类选择有性生殖，那么 A 与 B 结婚后分别将自己的基因传递给后代，后代 AB 同时获得 A 和 B 的遗传基因，因"X 病毒"感染而死亡的几率便会减少一半。随着有性生殖的反复进行，遗传基因能够持续结合，最终，因"X 病毒"而死亡的案例便成为少数。这就是人类和其他大多数动物选择有性生殖的原因。

◆ ◆ 植物的有性生殖

在果园中工作的农民们用毛笔沾满花粉，一一刷到雌蕊柱头上。农民们亲自传递花粉的原因是为了人为帮助相当于配对的植物传粉。开花植物因为有雌雄之分，可以进行有性生殖。

两性花与单性花

在植物的花中，有桃花、油菜花、棉花等既有雌蕊又有雄蕊的两性花；也有只生有雌蕊或只生有雄蕊的单性花，如南瓜；还有既没有雄蕊又没有雌蕊的中性花，如矢车菊。

另外，如玉米和栎树等雌花、雄花同时长在一株植物上的现象称为"雌雄同株"；如桑树、银杏和柳树等雌花、雄花分别长在不同株植物上的现象成为"雌雄异株"。雌花、雄花、两性花同时着生在一

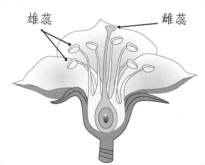

两性花（桃花）

雄蕊　　　　雌蕊

单性花（松树雌花）

单性花（松树雄花）

中性花（矢车菊）

株植物上的现象称为"杂性同株"，如猕猴桃。

植物有性生殖的过程

植物的有性生殖从传粉开始。传粉是指花粉从花药落到雌蕊柱头上的过程。花粉落在雌蕊柱头上后，在柱头上黏液的刺激下开始萌发，长出花粉管。花粉管穿过花柱，进入子房，一直到达胚珠。

花粉管生长时，雌蕊的胚珠也分裂为卵细胞和极核细胞两个生殖细胞。当花粉管深入胚珠后，一个精子与卵细胞结合成受精卵。子房继续发育，最终成为果实。其中子房壁发育成果皮，子房里面的胚珠发育成种子，胚珠里面的受精卵发育成胚。

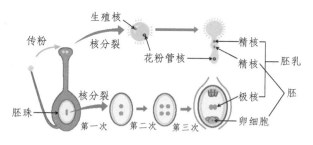

被子植物的受精

种子的结构

植物有性生殖的过程

动物的有性生殖

雌性、雄性动物分别通过卵巢、精巢内分裂生殖细胞而产生卵子或精子。卵子中含有生育卵子所需的养分，因此比精子体积大，不能自由移动。与之相反，精子由内含细胞核的头部和能够运动的尾部组成，通过尾部的游动与卵子结合，完成受精。受精后的卵子称为受精卵，然后继续进行细胞分裂，发育成幼体。

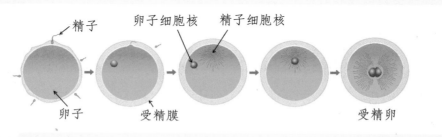

动物有性生殖的过程

关于有性生殖的叙述型问题

 四、五月份时，下雨后能够看到水洼里有些黄色粉末。这些粉末是从哪里来的呢？

利用风进行传粉的植物要比通过动物传粉的效率低，因此需要产生更多的花粉随风飘去。松树也会产生许多花粉，这些花粉在空气中散播。当雨水来临时，花粉与雨滴混合，掉落到地面。雨后在水洼中看到的黄色粉末正是空中的花粉。

 为什么鸟类或爬行动物的蛋比哺乳动物的卵子体积大？

鸟类或爬行动物蛋的体积要比哺乳动物的卵子大出许多，这是因为精子和卵子结合形成受精卵后，发育成个体的位置不同。鸟类或爬行动物会将蛋生出体外，后代在蛋中生长并出生，所以，为了储存足够的生长发育所需的营养，蛋的体积必须较大。相反，哺乳类动物的幼体在母亲体内生长，并通过母体进行营养物质的吸收，所以卵子的体积较小。

下图为进行无性生殖的蚜虫。蜥蜴原本进行有性生殖，但分布于西太平洋小岛上的一种蜥蜴却不进行有性生殖，而像蚜虫、水蚤等低等动物一样，采取无性生殖。请说明理由。

科学家们发现，蜥蜴等高等动物也会进行无性生殖。这是因为在小岛这类局限性强的地区，雌、雄性蜥蜴个体相遇的次数较少。再加上天敌和疾病的威胁相对较小，遗传组合的需要并不迫切。因此，这种蜥蜴的无性生殖是适应环境的结果。

妊娠和出生是怎样进行的

也许同学们都曾对我们是如何出生的感到好奇。相信大家一定听到过许多类似于"爸爸妈妈相爱生下了你"这样无法理解的话吧？那么，就让我们一起来科学地了解一下孩子的出生过程吧。

假设 同学们中有双胞胎的话，那么，双胞胎的受精过程是如何进行的呢？

生活中的生物故事 1

为什么贴身的紧身衣不利于身体健康

我们经常会在电视中看到身材健美的男演员穿着紧身裤的帅气形象。女演员为了展现自己的 S 形曲线，常常身穿紧身内衣，突显性感身段。我们这种身材一般的平凡人总想拥有演员们的身材，于是也跟随他们穿起了紧贴身体的紧身衣。殊不知，紧身衣对我们的身体健康，特别是生殖功能将会造成极大的影响。这是为什么呢？

男性睾丸产生的精子和女性卵巢产生的卵细胞，都是生殖细胞。含精子的精液进入阴道后，精子缓慢地通过子宫，在输卵管内与卵细胞相遇，形成受精卵。众多的精子中，只有一个能够进入卵细胞。

如果男性长期穿着紧贴身体的紧身裤，精巢直接与腿部接触，再加上不能通风，就可能会出现精子生成困难的情况。同时，紧身衣能够阻碍血液循环，极易引发生殖器官的疾病。

 生活中的生物故事 2

孕妇如果吸烟会产生什么后果

超声波检查是指利用超声波这种人耳无法察觉的声波，对人体内组织进行的检查。通过超声波检查，医生们能够确定母亲腹中胎儿是否健康、正常地生长。那么，胎儿在母亲的腹中是如何生长的呢？

父母的精子和卵子结合成受精卵（对

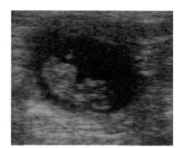

胎儿的超声波照片

于动物而言，指从受精卵分裂到胎儿形成之前的阶段）后的一周左右，受精卵在子宫壁着床，两周后胎儿的中枢神经系统形成。受精卵着床后，与母体间形成胎盘，胎盘通过与胚胎连接的脐带向胎儿供给养分，并排出废物。胎儿就是这样在子宫内生长的。

这时，如果母亲服用药物或吸烟饮酒，尼古丁、焦油、酒精等有害物质便会直接传递至胎儿体内，对胎儿造成严重危害。

特别是在胎儿各个器官形成很快的妊娠初期，如果有害物质通过母亲传向胎儿，将会妨碍胎儿的器官形成，出现器官异常，导致孕妇流产或胎儿畸形。

我们是如何出生的

◆ ◆ 人类的怀孕和分娩

男性的精子与女性的卵细胞结合后，形成受精卵。受精卵不断进行细胞分裂，逐渐发育成胚泡。胚泡缓慢地移动到子宫中，最终植入子宫内膜，就好比一粒种子落到了土壤中，这就是怀孕。

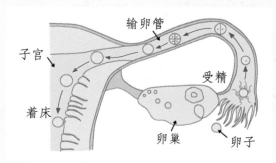

从受精至着床的过程

胚泡中的细胞继续分裂和分化，逐渐发育成胚胎，怀孕 8 周左右发育成胎儿，这时候就呈现出人的形态了。胎儿生活在子宫内的羊水中，通过胎盘、脐带从母体中获得营养物质和氧。

一般来说，怀孕到第 40 周时，胎儿就发育成熟了。成熟的胎儿和胎盘从母体的阴道中排出，这就是分娩。新生儿就这样诞生了。

关于人类妊娠和出生的叙述型问题

下面的照片是一对双胞胎，她们的父母分别为黑人和白人。像这样皮肤一黑一白的异卵双胞胎的出生概率为百万分之一。观察一下身边的双胞胎，我们会发现有些双胞胎相貌极其相似，但也有些双胞胎简直毫无相像之处。为什么会产生这样的差异呢？

双胞胎是在受精过程中产生的。双胞胎分为同卵双生和异卵双生。其中，由同一个受精卵分裂成两个，生出两个不同个体的双胞胎称为"同卵双胞胎"。

同卵双胞胎由相同的精子和卵子产生出来，因此形成的两个个体性别相同，外貌也非常近似。这时，如果受精卵分裂未能完全进行，便可能出现身体或内脏器官一部分相连的"连体婴儿"。

通常情况下，卵巢一次只排出一个卵子，但有时也可能排出两个。此时，两个卵子如果分别与两个不同的精子几乎同时结合，便会产生两个受精卵，这样形成的胎儿称为"异卵双胞胎"。异卵双胞胎可能性别不同，甚至会出现右图中肤色不同的现象。

最近，我们常常接触到不孕夫妇逐渐增多的新闻。不孕夫妇可以通过试管婴儿技术进行妊娠。那么，试管婴儿是怎样培育的呢？

　　试管婴儿是用人工方法让卵细胞和精子在体外受精，并进行早期胚胎发育，然后移植到母体子宫内发育而诞生的婴儿。对于患有输卵管堵塞等疾病的妻子，可以通过手术从她的卵巢中取出成熟的卵细胞，然后在试管里与取自丈夫的精子结合，使之形成受精卵。对于精子数少的丈夫，可以用一枚极其微细的玻璃吸管，从他的精液中选一个健康的精子，注入卵细胞中，形成受精卵。不久，一个健康的宝宝就会出生了。

第六章

遗传与进化

★孟德尔的遗传法则　　遗传遵循什么法则
★间性遗传　　间性遗传具有什么特征
★生物的进化　　生物是如何进化而来的

遗传遵循什么法则

可能每个人都有过这样的想法，如果我只遗传父母的优点该多好啊。但是，遗传并不是以人的意志为转移的，因为在遗传中存在着一定的法则。

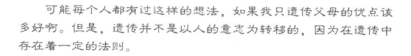

假设 孟德尔没有以科学家坚持不懈的精神用豌豆做实验的话，那么我们大概要到很久之后才会了解到关于遗传的规律。

生活中的生物故事 1

同一家族的人为什么会长相相似

长相相近的家族

通过照片可以看出他们的头发颜色是相似的

请仔细观察你的父母和兄弟，他们除了脸的形状、眼睛大小、发质、手指长短、皮肤颜色以及个头大小等这些用肉眼就可以看见的部分相似之外，还有嗓音、性格等许多方面大多数也是颇为相近的。那么，同一家族的人为什么如此相似呢？

诸如身高、血型、树叶模样、花瓣颜色等此类，生物所具有的多种模样或性质被称作"性状"，而将这样的性状传给子孙后代的现象便是"遗传"了。也就是说，因为父母的特性通过遗传传给了子女，所以家人间才会出现一些共同的特点。

从前的人对于遗传也有一定的了解，他们知道子女的长相、性格等与父母有相似之处，这得益于在农耕的过程中他们所看到的动植物的遗传现象。俗话说得好："种瓜得瓜，种豆得豆。"他们以此经验为基础去选择品种优良的家畜或是可以结出更多果实的品种作物，便是他们对遗传现象的有效利用了。

但是古代人在遗传方面是否也总结出了一些法则，对此，现代人并不是很清楚。直到 19 世纪，那时的人们一直坚信所谓的"融合遗传说"，就像将不同的染料混合在一起时会产生一种中间色一样，父母的遗传性状在子女身上将融合之后体现出来。比如，如果父母一方个头高另一方个头矮，那么他们的后代就是介于双方的中间个头了。

融合遗传说虽然有一定的道理，但实际上还有许多用它无法说明的问题。父母都有酒窝的情况，按理来说子女也一定会有酒窝，但事实上也会出现没有酒窝的子女。再比如，像之前的例子中所提

遗传法则的发现人孟德尔

到的那样，父母一方个头高一方个头矮，那么孩子的身高应是介于父母中间的个头，但不是这样的情况也很多。根据这个理论只能推出一个结论，那就是经历几代人后，所有的人都应该是中等身材。然而，因为没有其他的理论依据，人们一直对融合遗传说坚信不疑。

孟德尔原本是奥地利的一个神父，他

是一位业余的科学家，经过长时间的科学实验，他终于解开了融合遗传说所不能解释的遗传现象。孟德尔在教堂里的一小块土地上，用将近 8 年时间对豌豆进行栽培，进而发现了遗传法则，并于 1865 年将实验结果公布于众。但在当时他的理论并没有获得人们的认可。之所以不被接受，一方面是因为他的理论太过先进，超越了那个时代，但更重要的是因为他没有正式的学位，因此人们只将他当做一个业余的科学家对待。

在孟德尔去世的 16 年后，德弗里斯、科伦斯、赛塞内格等学者经过不断的试验，最终证明了孟德尔遗传法则的正确。

开心课堂

孟德尔的遗传法则

◆◆ 孟德尔选择豌豆做试验的理由

在自然科学界，寻找合适的实验材料是保证实验成功的必要条件。孟德尔之所以能发现遗传法则也要大大归功于选择了合适的实验材料和正确的试验方法。

豌豆花

孟德尔将豌豆作为实验材料，是因为豌豆在身边很容易找到并且也很容易成活。同时豌豆花可以进行自花传粉，所以如果除去雄蕊的话，不用担心它会与其他花传粉，这样就很容易实现人为杂交，从而获得许多的果实，实验结果也会很容易地统计出来。基于以上几点好处，可以说将豌豆作为遗传试验中的实验材料，是一个再合适不过的选择了。在一种形状中，可以做明显对比的性状被称作"相对性状"，豌豆的相对性状极为明显，所以很容易做出比较，这也是选择豌豆的一个重要原因。

◆◆ 豌豆的相对性状

豌豆的相对性状明显并且种类多样。

孟德尔为获得实验所需的相对性状，将豌豆作为实验对象，最终获得了彻底的验证。他经过仔细观察，从 34 个豌豆品种中选择了 7 项相对性状，它们分别是：种子的模样、种子的颜色、种皮的颜色、豆荚的模样、豆荚的颜色、花的位置以及茎的高度。如下图所示。

性状	种子的模样	种子的颜色	种皮的颜色	豆荚的模样	豆荚的颜色	花的位置	茎的高度
显性	圆滑	黄色	灰色	饱满	绿色	叶腋	高
隐形	皱缩	绿色	白色	不饱满	黄色	茎顶	矮

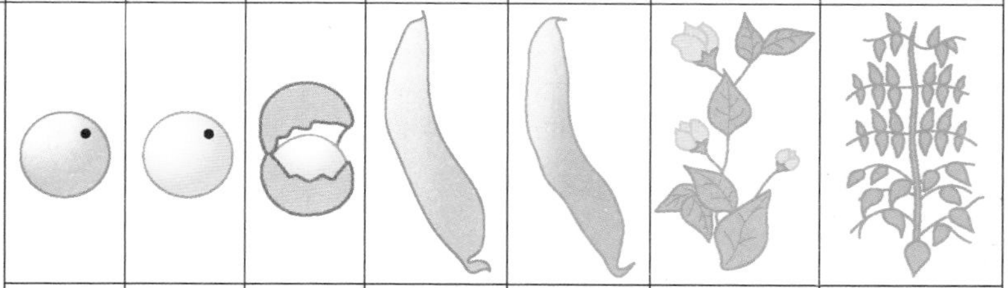

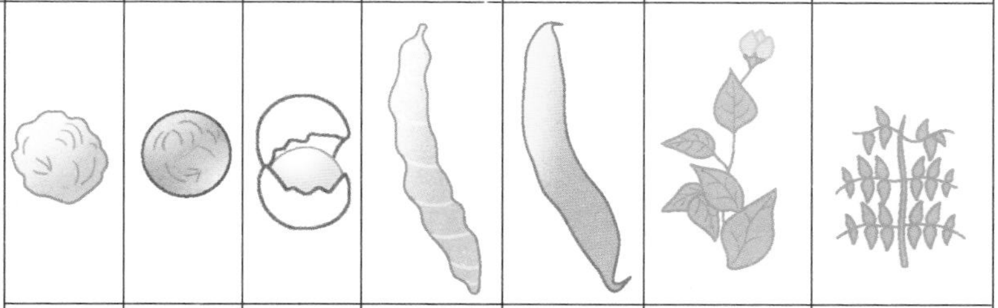

孟德尔选择的豌豆的7个相对性状

孟德尔选择的七大相对性状非常科学，其相互间进行独立的遗传，为他的实验获得了较为明确的结果。

◆ ◆ 孟德尔科学的研究方法

孟德尔系统地对无数的豌豆实行了人工杂交，经过数年的努力，他成功交配了约 12000 株豌豆，每一株豌豆都经历了以下所叙述的实验过程，可以说做这个实验真是相当困难：

豌豆的花既有雄蕊又有雌蕊，因此是两性花，孟德尔如果想获得他期望的杂交成果，就必须在进行杂交之前先将母系豌豆上的雄蕊摘除，并且摘除雄蕊的工作必须在雄蕊释放花粉前完成。这项工作完成后，要将袋子套在花上，避免它与带来其他花粉的蜜蜂或是昆虫接触。同理，也应将父系豌豆花的蓓蕾用袋子套好，从而避免因之后开花所导致的花粉污染的情况发生。然后，当父系花含苞欲放时，用毛笔沾染父系花雄蕊的花粉，并将其抹在母系花的雌蕊上，再次用袋子罩好直至果实结出为止。这个工作孟德尔大约做了12000 次，然后将实验结果整理出来。由此可见，孟德尔是一个真正拥有科学实验精神的科学家。

◆◆ 孟德尔得出的 3 个遗传法则

显性性状与隐性性状法则

将纯种的相对性状进行杂交时，它们杂交得到的第一代植株

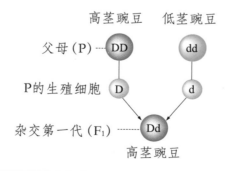

显性性状与隐性性状的法则

（简称"子一代"，以 F_1 表示）上体现的是显性性状。比如，高茎纯种豌豆（DD）与矮茎纯种豌豆（dd）进行交配，它们的子一代（F_1）如右图是高茎豌豆（Dd），这是因为高茎豌豆的性状呈显性的缘故。

分离法则

如果让子一代（F_1）进行自花传粉的话，在子一代（F_1）中隐藏着的隐性性状便会表现出来，在杂交第二代中，显性性状与隐性性状出现的比例为 3 ∶ 1。例如，使子一代（F_1）的高茎豌豆（Dd）进行自花传粉，如右图所示，在杂交第二代（F_2）中高茎豌豆（DD Dd）与低茎豌豆（dd）的比例为 3 ∶ 1。

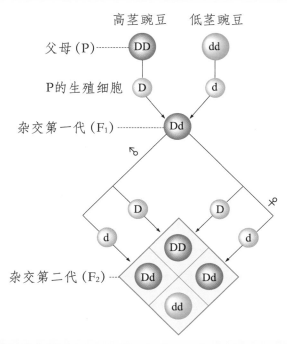

一对相对性状的遗传结构分析图

159

独立法则

两对相对性状共同遗传时，根据显性性状与隐性性状法则和分离法则，它们之间不相互干涉，而是独立地进行遗传，这便叫做独立法则。纯种的黄色圆粒豌豆（RRYY）与绿色皱粒豌豆（rryy）进行交配时，则在杂交第一代中只出现黄色圆粒豌豆（RrYy），但是如果让杂交第一代（F_1）进行自花传粉，则在杂交第二代（F_2）中会出现"黄色圆粒：绿色圆粒：黄色皱粒：绿色皱粒 =9：3：3：1"的比例。

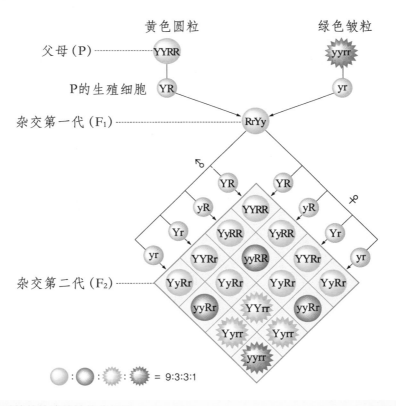

两对相对性状的遗传结构分析图

关于孟德尔遗传法则的问题

夏季在放久的水果以及蔬菜上会出现小苍蝇的身影（如下图），这种小苍蝇非常常见，它们比普通的苍蝇小很多，靠吃腐烂的水果等为生。据说这种苍蝇经常被应用于遗传研究中，这到底是为什么呢？

一只小苍蝇的一生非常短暂，大约只有 12 ~ 15 天，而它从蛹变成苍蝇只需要短短的 8 个小时，变成苍蝇后便可以开始繁殖了，所以说这种苍蝇在试验中所需的时间要远远短于其他生物，并且它们的交配更加容易，这些都是将小苍蝇运用于遗传研究的原因。

同时，这种苍蝇在交配后所产生的卵的数量很多，而且眼睛的颜色、翅膀的有无等相对性状表现明显，非常适于实验观察。它的染色体数量只有 8 个，尤其是唾液腺中的染色体很大，易于观察。它的身体很小，不需要很大的空间，这样又可以省下不少的实验经费。以上这些，都是用小苍蝇进行实验的好处。

▶▶ 间性遗传

间性遗传具有什么特征

孟德尔的遗传法则并不是完美无缺，这之后又出现了间性遗传。

假设 假设间性遗传没有被发现的话，我们可能就不会知道血型是怎样遗传的了。

生活中的生物故事 1

有没有不符合孟德尔遗传法则的遗传现象

纯种的大红色紫茉莉与白色紫茉莉交配后，下一代会出现粉红色的紫茉莉，如果再将下一代粉红色紫茉莉进行自花传粉的话，大红色、粉色、白色的紫茉莉花的比例为 1 ： 2 ： 1。

进行间性遗传的粉色花

看到这样的结果，我们就知道这并不符合孟德尔的显性隐性性状法则和分离法则，为什么紫茉莉不适用孟德尔法则呢？这是因为之后又有一个叫做科伦斯的人揭示出了一个新的法则。

就像孟德尔遗传法则中所提到的那样，红色紫茉莉的遗传因子为 RR，

褐色鬃毛

白色鬃毛

是父母遗传基因好的缘故~

金色鬃毛

我是通过间性遗传出生的"帕洛米诺"马，有着金色鬃毛。

白色紫茉莉的遗传因子是 WW，则下一代中出现的遗传因子应为 RW，这时 R 和 W 间的相对性状中显性性状与隐性性状的关系并不稳定，因此就会出现两种性状的中间型，即粉红色的紫茉莉。

像这样由于相对性状中显性性状和隐性性状关系不稳定从而继承了父母中间型的现象就被称为"间性遗传"。间性遗传的例子很多，不光是紫茉莉的颜色，包括喇叭花的颜色以及褐色鬃毛的马与白色鬃毛的马交配获得金色鬃毛的"帕洛米诺"马的现象都在此之列。

 生活中的生物故事 2

人类的血型是如何遗传的

通过血型来分析每个人的性格，这种方法风靡一时。人们一般认为 A 型血的人性格小心谨慎，O 型血的人开朗积极，他们把血型与性格联系起来。那么，血型是什么，血型又是怎么遗传的呢？

血型指由红细胞表现出来的血液特征，划分血型的最基本方法是我们都知道的 A 型、B 型、O 型、AB 型的 ABO 式。ABO 血型系统是将我们的血型遗传因子以 A、B、O 三个符号标记，它们互为相应遗传基因。遗传因子 A 和 B 相互呈不稳定的显性性状，而它们对于遗传因子 O 也呈显性，因此血型为 A 的人的遗传因子为 AA、AO；B 型血的人的遗传因子为 BB、BO；AB 型血的人的遗传因子为 AB；O 型血的人的遗传因子为 OO。

血型是通过遗传决定的，通常情况下，父母的血型决定子女的血型，如果父母均为 O 型血，那子女也是 O 型，与此相反，如果是 A 型和 B 型的父母，他们子女的血型就有 A 型、B 型和 O 型多种可能。

此外，划分血型还有一种方法，即 Rh 式。Rh 式的血型遗传与 RH+ 和 RH− 遗传因子相关，RH+ 遗传因子相对于 RH− 遗传因子呈显性性状，从而根据孟德尔遗传法则进行遗传。我们有时会在电视里会看到这样的报道，说 RH− 血型的储量不足，呼吁此种血型的人积极献血，那是因为在韩国具有 RH− 血型的人非常稀少。白种人中大约有 16% 的人属于 RH− 型血，这样看来人数不少，而在韩国，拥有这种血型的人只占总人口数的 0.1% ～ 0.3% 左右，人数真是少得可怜。

许多人都相信根据血型可以判断性格，可是真的可以这样判断吗？血型是由 3 种相对的遗传因子所决定的，但是影响人性格的不光有遗传的影响，更多的还是取决于其所处的生长环境带给人的影响。所以某些人看到是哪种血型就和某种性格相联系，然后对于自身或是别人产生偏见的做法是不合理的，也是不科学的。

间性遗传的AB型

◆◆ 孟德尔之后发现的间性遗传

间性遗传指的是在众多生物的性状中继承父母中间性状的现象。1903 年德国的科伦斯看到花坛里种植着很多的紫茉莉，从而首先发现了这个规律。但是，我们并不能因为间性遗传的发现就去否定孟德尔遗传定律。由于相应遗传因子间显性、隐性性状关系的不稳定性，所以杂交第一代并未能遵循孟德尔遗传定律，而是以父母的中间性状出现。间性遗传的例子很多，比如紫茉莉花的颜色、圆形叶子、喇叭花的颜色、ABO 式血型中的 AB 型等。

紫茉莉的间性遗传

如果将红色紫茉莉与白色紫茉莉进行交配，那么得出的杂交第一代便是父母花的中间色——粉红色，这是红色花的遗传因子和白色花的遗传因子间显性性状和隐性性状关系不稳定的缘故。

如果再将杂交第一代粉红色的紫茉莉花进行自花传粉的

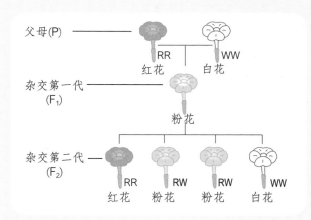

紫茉莉的间性遗传

话，那么杂交第二代中红花、粉红花、白花的比例便为 1 : 2 : 1。

ABO 式血型的间性遗传

ABO 式血型中，血型的遗传基因有 3 种，分别为 A、B、O。遗传因子 A 和 B 间没有显性隐性关系，A 和 B 相对于 O 均呈显性（A=B > O）。如果要深究 ABO 式血型划分的话，可以说人的血型便是通过间性遗传来获得的。间性遗传的血型是 AB 型，孟德尔的显性隐性性状法则规定，如果相应对立的遗传基因同时存在，那么首先发现的应该是显性性状。再来说 AB 型，既不是 A 型，也不是 B 型，而是产生了第三种类型——AB 型，理由便是 A 和 B 两种遗传因子之间没有显性隐性之分，二者处于同等的地位（或者说二者显性隐性关系不确定）。这就像紫茉莉花的间性遗传一样，红花和百花交配后产生了粉红色的花，所以说，人类的 ABO 式血型也可以被看做是间性遗传中的一种。

我们平时经常说的 A 型、B 型、AB 型和 O 型指的是表现型，而实际的遗传因子类型则在下表中表现了出来。

表现型	A型	B型	AB型	O型
遗传因子类型	AA、AO	BB、BO	AB	OO

关于间性遗传的问题

 据说AB血型的人不但能接受AB型的血，还能接受A型、B型和O型的血，这是为什么呢？

相互不同的血型间之所以不能输血是因为血液中的抗体会随着血液进入人体，因为血型不同，这些抗体会在体内发生凝集反应（**血液凝固的现象**），危及生命。

由于A型血对于B型血的抗体、B型血对A型血的抗体、O型血对A型血和B型血的抗体的存在，一旦输血的话，会产生凝集反应，那么生命就危在旦夕了。但AB型血没有抗体的存在，所以即使向AB型血中输入其他类型的血也不会发生凝集反应，所以AB型血可以接受任何类型的血液。

A型、B型血可以接受O型血，这是因为O型血中对于A型血和B型血不存在发生凝集反应的抗体。但是最近也有研究报告指出，将O型血输入其他类型血液的过程中，也发生了血细胞（红细胞和白细胞）的凝集反应，所以现在提倡同血型间输血的原则。

▶▶ 生物的进化

生物是如何进化而来的

达尔文主张：生物的进化与环境的直接影响无关，而在于生物体内对环境变化的反应能力。但是，迄今为止任何一种遗传理论均为单一的学说。

假设 进化的证据被明确揭露，那么人类今后又将如何进化呢？

生活中的生物故事 1

地球上生活着多少生物

同学们都去过动物园吧？动物园里有狮子、老虎、猴子、长颈鹿、松鼠等多种多样的动物。再请观察一下动物园各个角落的树木吧。从为行人提供阴凉的榉树到樱树、枫树、冬青等，种类繁多，应有尽有。然后，再来看看绿油油的草地。仔细看来，草地中不仅有巴根草，还能看到许多不同的草类和昆虫。泥土中还能

参观动物园的孩子们

动物园中能够看到各种各样的生物

找到蚯蚓、田鼠、蝼蛄等小动物以及无数的微生物。

　　在动物园这种不算很广阔的地方竟生存着数量如此庞大的生物，以此类推，地球上生活的生物该有多少种呀？到目前为止，经科学家们调查，已确定的地球生物种类约有 170 万种，但科学家认为地球上实际存在的生物种类远远大于这个数字。事实上，如果去亚马孙河流域的密林地带采集昆虫标本，将会发现许多尚未记录的新物种。那么，地球上为何会有这么多生物存在呢？

　　据推算，地球诞生于距今约 46 亿年前，出现最早生物体的时间约为 30 多亿年前。之后，生命体随着地球的环境变化而不断发生适应周围环境的演变过程。就这样，在生物适应环境变化的过程中发生的演变，称为"进化"。

　　生物进化有化石学、生长学、解剖学等依据。化石是古代生物的遗体、遗物或遗迹埋藏在地下变成的跟石头一样的东西。研究化石可以了解生物的演化并能帮助确定地层的年代。例如，将北美地区地层中发现的马化石按照时代顺序比较之后便会发现，最初的马身体较矮小，具有 4 只脚趾，随后逐渐进化为现在身体高大、长有马蹄的模样。

同样，始祖鸟的化石与现代鸟类相似，长有翅膀和翎羽，但鸟喙处生有牙齿，尾部有长长的尾骨，与爬虫类的中间特性相似。通过这一现象我们能够得知，鸟类是由爬虫类进化而来的。

最终，从地球上诞生生物以来的 30 多亿年间，适应各种环境而产生的新物种传承下来，而无法适应环境的物种便逐渐灭亡。通过这一变化过程，地球上便进化出了现在多种多样的生物。

生活中的生物故事 2

进化是以什么方式进行的

外形酷似镰刀的镰状红细胞

到了夏季，有时会在电视新闻中看到停战线附近驻守的军人之间流行疟疾的消息。疟疾由蚊子传播，是因导致疟疾的疟疾原虫进入红细胞内而引发的疾病。在热带地区，因疟疾而造成的死亡人数已超过百万。为什么在要这里提起疟疾相关的事情呢？这是为了说明疟疾与镰状红细胞的进化过程。

居住在非洲的黑种人中，具有红细胞呈镰刀状遗传疾病（镰状红细胞症）的人数比其他地区更多。患有这种疾病的人的红细胞运输氧气的功能降低，细胞本身容易被破坏，会因出现循环障碍而无法长期存活。那么，疟疾与镰状红细胞症之间存在着何种关系呢？

对于镰状红细胞症的患者而言，即使有疟疾原虫进入血液中，

也无法进入红细胞，所以没有感染疟疾的危险。另外，携带镰状红细胞基因的隐性患者（镰状红细胞基因与正常基因相比呈隐性）也不容易感染疟疾。

因此，最适应环境的个体应该是对疟疾和镰状红细胞症均不易感染的镰状红细胞隐性基因携带者。他们的镰状红细胞遗传基因传递给后代，所以在疟疾频发的非洲，生活着比其他地区数量更多的镰状红细胞症患者。

像这样，生物在与周围环境相互反应的同时，使后代的形质发生变化并适用于环境的过程，称之为"进化"。

进化论的发展

◆ ◆ 进化论是如何产生的

拉马克的进化学说

历史上第一个提出比较完整的进化学说的是法国博物学家拉马克。他通过大量观察，提出地球上的生物都是由更古老的生物进化来的。生物各种适应性特征的形成都是由于"用进废退"，器官用得越多就越发达，而不经常使用就会逐渐退化。比如食蚁兽由于长期舔食蚂蚁，所以舌头变得细长。

拉马克的进化学，在人们信奉神创论的时代是有进步意义的。虽然遭到了种种的非难和攻击，但他却始终没有动摇过，仍然把为科学事业作出贡献当做是最大的乐趣。

脖子短的长颈鹿 →

为了采食到树枝高处的树叶而演变出脖子长的长颈鹿 →

进化为脖子长的长颈鹿

"用进退废"理论下的长颈鹿的进化

达尔文的自然选择学说

英国博物学家达尔文在他的 5 年航海旅程中，观察、研究了多种生物。达尔文通过大量的观察和思考，综合他的研究成果，发表了《物种起源》一书，阐述了自己对物种进化原因的理解。达尔文认为，地球上的各种生物普遍具有很强的繁殖能力，生物个体数量的过度繁殖会引起为争夺食物和栖息地的生存斗争。每个个体间普遍存在着形质的差异，具有有利变异的个体，生存并留下后代的机会多。这个过程如果逐代积累，那么个体形质的变化累积起来，便可能形成与原来不同的新物种。这就是达尔文的"自然选择学说"。

脖子长度长短不一的长颈鹿 ➡ 长脖子的长颈鹿在生存竞争中处于有利地位 ➡ 进化为长脖子的长颈鹿

"自然进化学说"下的长颈鹿的进化

现代进化论

现代遗传学家普遍认可下述进化论。荷兰遗传学家德弗里斯主张生物通过由突变产生新物种而进化的"基因突变说"。

还有学者认为同种的生物被隔离在高山或深海等不同环境中经过几个世纪的长期适应，会进化为互不相同的新物种，这便是"隔离说"。

实际上，生物的进化不仅需要经历悠久的岁月，还伴随着多样的环境变化，所以很难通过实验来证明。因此，人们便将自然选择说、基因突变说、隔离说等进化理论综合起来，对生物的进化过程进行说明。例如，镰状红细胞遗传是由基因突变产生的镰状红细胞症遗传基因（**基因突变说**）在容易感染疟疾的环境中自然选择出适应环境的形质，然后将这一形质遗传给后代（**自然选择学说**）。

关于生物进化的叙述型问题

 为什么银杏树被称为"活化石"？

距今约 3 亿 5 千万年前，银杏树便出现在了地球上。恐龙是在距今约 2 亿 5 千万年前出现的，所以银杏树比恐龙的产生时间还要早 1 亿年。

迄今为止，银杏树在韩国、中国、日本等地仍然存活并继续繁殖，所以被叫做"活化石"。像这样活着的生物化石还有腔棘鱼、海百合、鹦鹉螺等。

 人类由黑猩猩或大猩猩等类人猿进化而来的可能性很大。那么，为什么还有没有进化为人类的类人猿呢？

生物的进化是指在适应各自环境变化的过程中，由一个共同的祖先演变出其他物种的过程。与人类在进化过程中最为接近的黑猩猩、大猩猩等类人猿都拥有共同的祖先。但是，拥有共同祖先的生物却没有进化为同种生物。也就是说，虽然均由同一祖先演变而来，但黑猩猩、大猩猩因为与人的进化方向不同，所以它们现在是类人猿，以后也不会进化为人类。

下面的照片是鱼类与两栖类的中间型生物——腔棘鱼。寻找两种生物的中间型生物对于揭示生物进化的过程起着十分重要的分类作用。请举例说明。

介于两种不同种类中间阶段的生物是揭示进化进行过程的重要依据。生物学家们将这一中间阶段称为"丢失的环节"。

腔棘鱼

具有代表性的典型实例有：处于植物与动物中间阶段的草履虫、处于爬虫类与哺乳类中间阶段的鸭嘴兽、处于鸟类与爬虫类中间阶段的始祖鸟、处于蕨类植物与裸子植物中间阶段的蕨菜等。

但是，属于中间阶段的生物种类和数量明显贫乏，所以对其进化过程也有着各式各样的不同见解。因此，继续加强对中间阶段生物的发现与研究是非常必要的。